超越 STUIDO
SUPER 设计课

建筑构图解析
立面、形体与空间

毕昕 编著

U0191251

机械工业出版社
CHINA MACHINE PRESS

本书系统梳理建筑构图、形态构成基础理论与方法，全书选用的案例涵盖古今中外的各地建筑，通过案例和简图分析使读者对建筑构图和构形原理有较为全面和正确的认识，同时培养科学的建筑审美能力。本书内容包括构图与建筑构图、构图要素、形态与形态构成、建筑构图基本方法、建筑与建筑构图五部分，是针对建筑学、室内设计、城乡规划、风景园林等相关专业的学生、教师、建筑设计人员、规划师、景观设计师、相关专业的研究人员以及建筑爱好者的专业类书籍。

图书在版编目（CIP）数据

建筑构图解析：立面、形体与空间 / 毕昕编著 . —北京：机械工业出版社，2017.7（2023.1 重印）

（超越设计课）

ISBN 978-7-111-56758-5

Ⅰ . ①建… Ⅱ . ①毕… Ⅲ . ①建筑构图 Ⅳ . ① TU204

中国版本图书馆 CIP 数据核字（2017）第 097239 号

机械工业出版社（北京市百万庄大街 22 号　邮政编码 100037）

策划编辑：赵　荣　责任编辑：赵　荣

责任校对：王　延　封面设计：鞠　杨

责任印制：任维东

北京市雅迪彩色印刷有限公司印刷

2023 年 1 月第 1 版第 8 次印刷

184mm×260mm・12.75 印张・253 千字

标准书号：ISBN 978-7-111-56758-5

定价：69.00 元

凡购本书，如有缺页、倒页、脱页，由本社发行部调换

电话服务	网络服务
服务咨询热线：010-88361066	机 工 官 网：www.cmpbook.com
读者购书热线：010-68326294	机 工 官 博：weibo.com/cmp1952
010-88379203	金 书 网：www.golden-book.com
封底无防伪标均为盗版	教育服务网：www.cmpedu.com

前言 Preface

建筑学专业对综合能力要求极高，学习建筑学被要求拥有丰富的各方面知识。好的建筑设计作品除要求功能流线、结构体系的合理组织外，还需美学、经济学、几何学、色彩学、构图学、测量学、环境学、计算机技术等多方面知识的介入与协同，在方案概念设计阶段甚至需要文化、伦理、哲学等多学科的辅助。建筑构图学也是这众多学科中的主要一个，它并非鼓励建筑师创造纯形式的视觉产物，而抛弃建筑的使用与应用体验，而是希望通过合理、科学的组织原则与技法使设计得以深化。

作者本人在国外接受本科、硕士及博士教育，长期受俄国构成主义设计方法的影响，感受到构图理论自身对建筑设计的重要性以及与其他设计要素（功能组织、空间建构、参数化设计等）相结合的必要性，在个人建筑设计中大量尝试使用科学的建筑构图与构形方法进行设计实践，书中相关案例均有详解。同时作为主持人所承担的河南省基础与前沿技术研究计划项目（162300410218）：《非常规突发情况下灾民应急安置设施设计研究》也大量使用构图相关比例、尺度和空间构成原则进行设计实验。

作者在国内外两所高校（白俄罗斯国立技术大学建筑系、郑州大学建筑学院）承担建筑学基础和建筑设计教育工作，在过往的设计课教授中发现各国（中国、俄罗斯、西欧）建筑学专业本科生在接触建筑设计的初始阶段都存在茫然无措，而将注意力过分集中于空间形态组合、图面表达、计算机技术的应用甚至方案套用上，忽视了对视觉形态感觉和审美的培养，对基本建筑审美原则的理解存在欠缺，由此导致进入高年级应对复杂功能流线和场地要求的建筑设计时，无法与之前的空间设计方法相结合，立面、形体趋于乏味，甚至不符合基本审美原则。

本书针对建筑学初学者及对建筑有兴趣的读者，力图系统梳理建筑构图、形态构成基础理论与方法，全书选用的案例涵盖古今中外的各地建筑，通过案例和简图分析使读者对建筑构图、构形原理有较为全面和正确的认识，同时培养科学的建筑审美能力。

本书能够完成特别感谢郑州大学张建涛教授、张东辉教授、郑东军教授，白俄罗斯国立技术大学 C.A. Сергачёв 教授提供的相关文献、图片资料和学术指导，感谢机械工业出版社赵荣编辑给我这次宝贵的编写机会和耐心改稿，以及吴小路、钱禹、冯志华、刘雨薇、孙曦梦等各位朋友收集整理的图片资料。

希望这本书能成为各位未来建筑师初学路上的一块小垫脚石！

编　者

本书是针对建筑学、室内设计、城乡规划、风景园林等相关专业学生、教师，建筑设计人员、规划师、景观设计师、相关专业研究人员以及建筑爱好者的专业类书籍。本书内容分为五部分：构图与建筑构图、构图要素、形态与形态构成、建筑构图基本方法、建筑与建筑构图。

如图 0-1 所示，"构图与建筑构图"主要明确定义，通过历史溯源，探究"构图"与"建筑构图"的起源、发展过程以及现在的情况，使读者认识到"构图"在建筑设计中的意义。

"构图要素"部分共分两节："视觉要素"与"心理学要素"。建筑构图学最初的起源就是来自于美术、绘画等视觉艺术，因此建筑构图的基本视觉要素与绘画与视觉要素一致，即形状、色彩、光影、肌理等。

建筑构图本身展示建筑的形式美与实用美，而美又是人类通过视觉和行为捕捉而产生的心理感受，因此心理要素在建筑构图中也是至关重要的，只有了解人的心理如何产生美的感觉，才能在设计中设计出符合人心理感受的美好的建筑。因此在这部分作者同时讲解构图的视觉要素与心理要素。

"形态与形态构成"部分为读者明确形态、形状、形体和形式的定义，以及它们之间的关系。形态构成是建筑构图的核心，这部分内容着重讲解如何使用各种手段将构图要素按照美学原则组合成统一形态。建筑构型过程需要发挥设计者对立体形象的想象力和对美的判断力，这些能力是以对构图要素属性的了解为基础的。

"建筑构图基本方法"分类介绍建筑设计中常用的六种构图方法：比例选择；尺度控制；一致性、相似性和反差性比较的运用；创造韵律；对称性与非对称性构图；结构与构件关系。这一章中分别阐述六种基本构图方法的定义、适用范围、运用方式及相互关系。

最后一章"建筑与建筑构图"将建筑构图分为三大类：立面构图、立体构图和空间构图。空间构图又从内部空间、过渡空间与外部空间交互三方面进行讲解，其中平面构图的相关内容也融进空间构图中进行说明。

立面构图主要解决二维空间内建筑立面的构图问题，通过理论讲解与案例分析解释第四章列举的构图方法在建筑立面上的具体应用方式，并补充只针对立面形式有效的构图手法。

立体构图结合第三章关于形体的构成原则与第四章的基本构图方法，对三维空间中的形体控制，形体各组成部分在立体构图中的关系进行阐述。

空间构图是三类构图形式中最复杂的一种，也是将面构图与体构图进行整合的过程，本书除了对空间的总体构图原则进行讲解外，还将空间构图根据其属性分为内部空间构图、过渡空间构图和外部空间构图三类，分类进行构成方法分析。空间构图与其他两类构图方式的最大区别在于与人行为的关系更加密切，书中也对此加以着重描述。

本书各章节之间互为因果关系，前三章主要以理论为主，第四、五章理论结合实际，运用大量案例分析进行建筑构图详解。案例选择上作者尽量涵盖古今中外被大家已经熟知的建筑和规划案例，以及近现代被广泛认可的知名建筑，对案例进行逐一构图分析，在教授建筑构图方法的同时，对建筑史的相关内容有所了解。

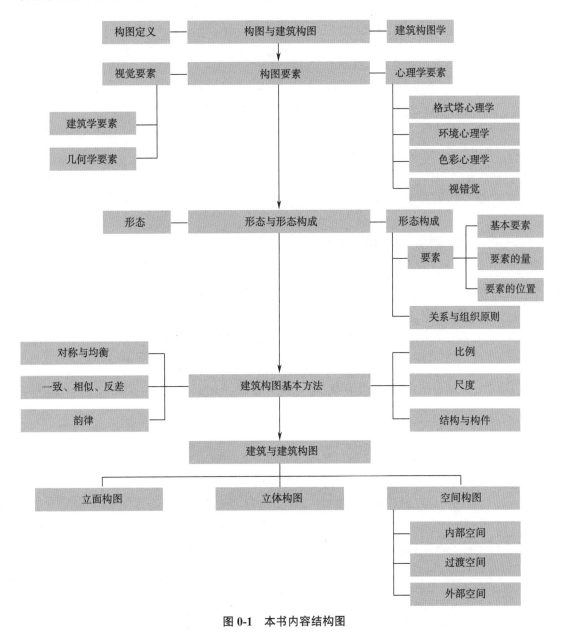

图 0-1　本书内容结构图

目录 Content

第一章　构图与建筑构图

第一节　构图与建筑构图要点

一、定义

建筑设计是建筑师理性与感性相融合所迸发出的灵感产物，设计讲求的是内容与形式的统一，建筑设计则更进一步，追求功能、结构与形式的统一。人们对建筑的认知，大多是通过视觉获取的建筑的形式，而形式是否美观很大程度由其构图关系决定。

构图被认为是在平、立面与空间中对二维和三维形象进行组织、安排的方法。构图将各组成部分按照一定规则合理搭配，通过控制量、位置等因素使图形和造型呈现完整、统一、和谐的布局形式，该形式用以有效表达作者的构思意图，具有强烈的感染力，其主题、思想和意念鲜明。

建筑构图是构图理论在建筑设计中的运用，是研究建筑与空间元素属性、组合方式、相互关系的科学，建筑构图使用科学方法（几何学、美学、心理学等）创造建筑与空间的视觉艺术性。相同基地内，规模、功能、流线与结构体系完全一致的设计方案依据不同的构图手法和组织原则可以设计出截然不同的空间组织和建筑形体，这些显著的差异正是由不同的建筑构图手法所赋予。

建筑构成的三个基本条件：功能、结构与形式，也是维特鲁威提出的建筑三要素：实用、坚固与美观。其中：

（1）功能　要切合实际，符合使用者的生理需求和使用习惯。

（2）结构　是由科学与技术的发展所决定的。

（3）形式　是通过视觉的感知使观察者产生心理上的印象与影响。

这三者密不可分，又相互影响。建筑构图学是针对建筑形式的深入探讨。对建筑构图学的定义有很多，例如，认为"建筑构图学是建筑材料形式与空间形态相结合的美学表现体系，它同时需要满足功能与结构的需求"。还有的文献中将其解释为"完整和谐建筑形体的构成方法"。但以上定义都稍显空泛和片面，对其描述缺乏准确性。

建筑构图学是建筑学的重要组成之一，是科学地研究单个建筑或建筑群形体要素特点及其组合方式的学科。这些组合方式应符合下列要求：

1）对象自身特点与周边环境特点。

2）科学与艺术的基本原则。

3）达到建造目标，同时符合功能流线、经济、美学要求。

4）各组成要素间和谐统一，彼此间存在必然联系。

学习建筑构图学首先要了解什么是"完整性"和"统一性"，还要了解"系统"、"元素"和"组合方式"的定义。以文学创作为例，如果将文章中一句话看作是一个系统，那每个字或词就是构成这个系统的元素，而相应的语法就是它们的组合方式。笔者将建筑构图学中的构成元素分为三类：空间元素、形体元素、立面元素。建筑构图的基本原则就是探究这些元素的属性及其之间的关系，按照一定科学的手法（比例、空间位置、韵律、对称性等）进行组织。

应客观辩证地看待建筑构图学元素的三种分类（空间要素、形体要素、立体要素），这三种分类的本质是构图元素在不同维度间的表象。立面可以被认为是形体独立的"外壳"，是构成元素在二维空间中的表象；形体则是由多个面围合而成的一个完整的实体，而空间元素则将形体与立面均纳入相应的环境中统筹考虑，这两者均处在三维视角。

空间在个学科中都有其特定的名词解释和应用范围，在建筑构图学中只研究与建筑学相关的空间概念。其具体定义与要素会在第五章第三节中进行详解。空间、形体、立面这三者之间的界定是相对的，例如在三维空间内面的拉伸或沿轴线的旋转都可由面生成形体或者空间。

建筑构图学的研究中有几个概念是不能忽视的：完整与统一性、稳定性、主次关系（从属关系）、和谐性。

完整与统一性在现代艺术理论中被看作是衡量某一客体的构图质量的标准，也成为选择设计方案时的最主要评判标准之一。

当建筑是单一体块时，构图中的稳定性至关重要，例如，通常会选择长方体（立方体）、锥体等稳定性较强的几何形体。在当代建筑设计实践中单一体块的构图并不常见，利用率也不高，更多的建筑设计还是以多元素的组合形式出现，存在组合关系的设计中，形体间明确的主次关系（从属关系）就成为决定构图质量的重要因素。通过构图手法的巧妙运用，将更富于表现力的形体置于构图的"中心"（并非位置上的中心，而是构图的"重心"），使其能够更多地吸引观察者的目光。

完整的建筑构图中，单个元素与整体构图之间的关系用和谐性这个标准衡量。和谐性是指形体之间相互依存、相互影响，且不发生冲突与矛盾的状态，单一的个体只有自身比例的协调，与这里探讨的和谐是不同的概念。需要指出：和谐的完整构图中是不存在偶然和多余的元素与关系的，元素间均是有计划的设置和进行有必要的合理组织。构图的完整性与其和谐性不仅是构图甚至设计方案质量的评判标准，更是重要的设计原则。整个建筑史已印证了这一点。

二、溯源

"构图"的拉丁文是 Compositio，英文为 Composition。其字面原意均为组合、组成、联系，中文也翻译为组合，另有构成的意思。"构图"的最初定义来自于绘画艺术，建筑中的"构图"是从绘画艺术中移植而来。

最早进行建筑构图相关理论研究的是法国建筑教育界，巴黎美术学院体系（布扎体系）则最早将"构图"作为设计方法进行教授。于连·加代（Julien Guadet）对"构图"理论进行了明确，他在《建筑理论与要素》（1901~1904）一书中将"构图"定义为："构图是将各组成部分组合，使之形成一个整体，构成整体的各部分本身成为构图要素"。在加代之前"构图"理论从未得到过如此重视，而自此"构图"正式成为一种建筑设计方法，巴黎美术学院教学体系也从此确立其建筑设计"三分法"：构件、构图、画详图。

18世纪末至19世纪初，法国建筑理论家、教育家让·尼古拉·路易·迪朗（Uean·Nicolas·Louis·Durand）从理性主义出发进一步完善建筑构图理论，他认为："建筑的唯一目标是找寻最适合、最经济的布置方式，建立一个关于建筑构图的系统。"迪朗将建筑分为水平部分（平面）、垂直部分（立面），迪朗认为建筑设计的出发点并非"空间"，而是构成空间的平面和立面，以及由面围合而成的"体"。迪朗在设计中大量使用辅助线、轴线与网格，把各种传统与现代建筑的平面、立面形式和基本结构部件归纳为基本几何图形进行排列组合，以图形方式建立方案类型生成的图构体系，如图1-1所示为迪朗建筑构图体系中的72种基本平立面几何图形。

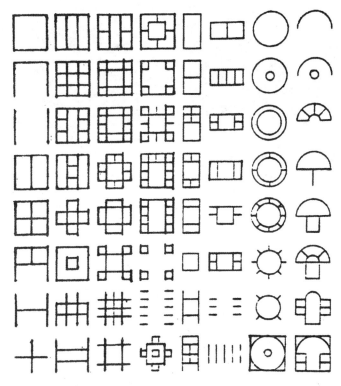

图1-1　迪朗建筑构图体系

19世纪中期"建筑构图"继布扎体系的教学实践之后，在俄国落地生根并得以发展，成立于1860年的斯特罗干诺夫斯基工艺美术学校除开设建筑设计课程外还进行雕塑、艺术纺织品、陶瓷、家具、印刷制品、纪念品等课程的教授，其中大部分课程均涉及"构图"的相关理论。而成立于1866年的莫斯科绘画雕塑和建筑技术学院则沿袭布扎体系的教学方式，将"构图"的相关知识贯穿于建筑设计、绘画与雕塑的课程教授中。

19世纪末、20世纪初，俄国构成主义运动的发祥地"呼捷玛斯（VKHUTEMAS）"——中文全称是"苏联高等艺术与技术创作工作室"在1917年由斯特罗干诺夫斯基工艺美术学校与莫斯科绘画雕塑和建筑技术学院合并而成。呼捷玛斯基本沿袭之前两所院校的建筑教学内容，但建筑构图课程中的相关技能训练不仅针对面（平面、立面），而是扩展至与空间和造型艺术相结合，并在教学内容的基础上发展出"空间构图理论（Пространственная композиция）"与"立体构图理论（Объёмная композиция）"，并出版众多相关专著，其中《建筑构图概论》一书，于1983年翻译成中文版在我国出版发行，对我国建筑设计教育与研究产生重要影响。时至今日，俄罗斯的建筑构图理论研究还与空间构成研究并行，贯穿于建筑学之中（图1-2）。

a）

b）

图1-2　俄罗斯构图学相关教材
a）《立体 - 空间构图》封面　b）《建筑构图学基础》封面

新中国成立之初，苏联建筑构图方面的研究成果传入我国，尤其是其中空间构图的相关内容，对新中国建筑事业的发展起到了相当重要的作用。在我国建筑师习惯运用空间去探讨建筑方案时，或多或少都会涉及空间构图的概念。

三、意义

构图可以涉及多个领域，建筑、景观、装饰、绘画、动画、产品设计等一切与视觉相关的创作性领域均涉及构图。而建筑构图的本质并非单纯将建筑的各构成元素进行组合与叠加，而是试图制定一套系统建筑形态构成原则，对元素间的组合与构成方法进行研究，使元素之间的联系更加合理，从而达到完整、统一、和谐的目的。同时，建筑构图不应抛开建筑功能与结构独立存在。

建筑构图是为元素组合形式提供规则，并非建立模型而让所有建筑设计依照统一模型套用，也不是通过这套模型束缚设计人员的想象力。相反，相关构图原则是从绘画、雕塑等多种艺术形式中提炼出来的美学原则，可以用以培养和建立建筑师的审美水平，试想如果一个建筑师对美学的认知都是缺乏的，何谈设计精美的建筑。

同时建筑构图原则有助于设计师进行比照纠错。充满想象力的建筑设计作品，在彰显建筑师个性的同时，也应满足公众的美学认知和大众的审美需求，建筑构图原则提供的正是一把完整性、和谐性、统一性的标尺。因此，熟练地掌握建筑构图的相关知识与手法并不会影响创新的上限，却能保证设计作品保持在平均水平，不会犯原则性的美学错误。

第二节　建筑构图要求与原理

建筑设计手段多种多样，一个建筑项目的落成也需要综合考虑多个因素，建筑构图不能脱离建筑设计的其他因素孤立存在，因此在进行建筑构图设计时应同时满足以下要求：

（1）符合环境要求　建筑学是研究人与建筑、建筑与建筑、建筑与环境的科学，建筑的美感应建立在不破坏所处环境整体协调性的基础上，建筑本身应成为环境的一部分，如何使建筑更好地适应环境，与环境融为一体是每位建筑师应掌握的必要技能。

环境也同时制约建筑构图，例如，朝向环境宜人的室外空间的外墙面应尽量通透，可开大的窗洞甚至使用玻璃幕墙，有利于室内外环境产生良好交互。而紧邻机动车道等嘈杂环境的外墙面应避免交互，而选择较为封闭和厚实的处理手法，对室内产生保护，增强室内私密性。

周边相邻其他建筑可看作环境的一部分，建筑构图中还应考虑与周边建筑的协调与统一。

（2）满足结构与技术要求　建筑是人使用的场所，给使用者提供必要的庇护是建筑的基本功能，满足建筑结构坚固性的要求是进行建筑构图的前提，不可一味追求视觉形式美观而影响建筑的坚固与耐久性。

（3）满足功能、流线与空间要求　建筑类型决定使用功能与流线，功能与流线是建筑设计中不可忽视的要素，功能决定建筑的空间属性、而空间属性则决定建筑构图关系。例如工业建筑的功能决定其室内需要放置和运转机械设备，空间中需划分人流与设备流线，由此决定工业建筑的室内空间尺度较大。再以仓储建筑为例，仓储功能决定空间的大尺度，很多储藏品还有特殊的避光及采光要求，这些条件促使建筑的整体形态、比例和立面形式的改变。因此建筑构图应以满足功能与流线要求为基础。

（4）应满足建筑的声、光、热要求　声、光、热等物理条件决定建筑内环境优劣，也从舒适度方面控制着建筑品质，因此建筑构图应符合建筑的采光、通风、隔热与隔声需求。

（5）协调、统一　各组成部分之间、组成部分与整体之间的关系协调、统一。

（6）经济因素　建筑设计中不应一味追求建筑构图创造的形式美，而超出预算。

（7）建筑构图应适应时代需求　从建筑使的发展进程不难发现，建筑构图拥有鲜明的时代感。例如古希腊建筑构图元素中的柱式重复排列和黄金分割比例，中国古代建筑中的对称等。

现代建筑形态构成研究国外建筑教育中开展很早，20世纪初德国包豪斯建筑教育中就开始设置平面构成的相关课程。俄国构成主义则完全将形态构成、形态空间构成作为其研究基础，其中最先对形态立体空间构成法则进行研究的是科林斯基（В·Ф·Кринский）、拉姆切夫（И·В·Ламцов）和图尔库斯（М·А·Гуркус），正是他们最早定义了："关系"、"比例"、"韵律"等建筑语汇，他们的研究直接否定了当时（19世纪末至20世纪10年代）大部分俄国建筑师追求装饰艺术（视觉造型艺术）的设计手法，他们认为应当将建筑空间元素与视觉元素通过正确的手法加以融合，进行统筹的形态构成设计，这一观点被认为是形态构成学的本质。

建筑构图是一个体系化的设计过程，包含几何形体、空间、色彩、光影、体量、尺度等在内的多种构成要素与手段，建筑师需要在了解各种要素属性的前提下巧妙运用这些构成手段完成创作，其中第一步就需要选择形态构成元素，需要遵循以下三个原则，这也是元素组合的三个基本原则：

1）完整性与统一性：构成元素能形成完整性（统一性）构图。

2）逻辑性与关联性：元素之间存在逻辑关系，多元素之间有必然的关联性。

3）和谐性与协调性：元素间的组合主次分明、和互相协调。

阿尔伯蒂在其《建筑十书》的第九书中指出："自然所创造的一切事物都受到和谐法则的控制，她主要关注的是她所创造的一切应当是绝对完美的。"以上三原则即是形态构成原则也是建筑构图原则。

建筑构图的三个基本原则来自于"均衡、稳定、统一和变化"等美学原理。好的建筑构图成果要达到这三原则的标准，建筑师除了解建筑掌握建筑构图手法外，还需要了解形态相关概念、视觉要素属性、几何学要素属性与关系及完形心理学相关理论。

第二章　构图要素

第一节　视觉要素

一、基本视觉要素

1. 形状

形状是一个非常具体的概念，是物体具体的造型或表面轮廓。形状是识别形体、给形体分类的主要依据。

在日常生活中可以接触到各种各样的形状，在建筑设计和建筑构图中也能运用到各种各样的形状。这些形状可以按照两种方式进行分类：按基本形式分类和按组合方式及分类。

图 2-1　各种线形

（1）按基本形式（点、线、面、体）分类　可分为线形、面形（平面形状）和体形。

1）线形按照其连续性又可分为连续线和多段线，如图 2-1 所示，还可分为直线、曲线、折线、螺旋线、分段线等。

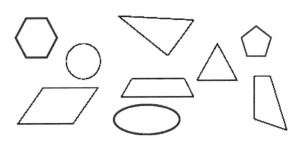

图 2-2　各种面形

2）平面形状（面形）可看作由多条线段组成的，在同一平面上的封闭的形状，可分为基本形与复杂形，正方形、三角形和圆形被称为基本面形中的三元形，其他的任何面形都可以看作是有这三种基本面形变形或组合而成（图 2-2）。

3）体形则是由一个面形拉伸，或者由多个面形组合而成的封闭的三维空间形状（图 2-3）。

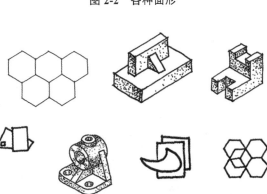

图 2-3　各种组合形状

（2）按组合形式分类　可分为单一形和组合形。

1）单一形是不依靠另外的形象而独立存在的形状，以上看到的形式都属于单一形状（图2-1与图2-2）。

2）组合形是由两个或两个以上单形组成的形状，而组合形也可分为由相同形状组成的组合形与由不同形状组成的组合形。

这两种分类方式互为交叉，线形中会有单一线性和组合线形，面形有单一面形和组合面形，而体形也有单一体形与组合体形。

形状除了表形，同样可用来表意。也就是各种形状都具备各自的感情色彩，例如：正方形无方向感，在任何方向都呈现出安定的秩序感，静止、坚固、庄严；正三角形象征稳定与永恒；圆形充实、圆满、无方向感，象征完美与简洁。

任何建筑形态都可以看作是上述几种形状的组合。可以是直接识别的具象的形状组合，或是抽象的形状变形与解构。线形与面形通常是建筑平立面构图中的主要要素，而体形是建筑立体构图中空间内构成的主要要素。

帕拉迪奥的圆厅别墅平面是由标准的正方形与圆形构成，布局上呈现出良好的秩序感。而如图2-4所示，是由安藤忠雄设计建造的4×4住宅，该住宅的立面构图是由正方形与长方形组合而成，而立体形态也是通过立方体与长方体的交叉组合而成。被人们所熟知的解构主义大师弗兰克·盖里与扎哈·哈迪德将曲面与曲线作为建筑形态构成的基本元素，将二维的

图2-4　4×4住宅（安藤忠雄设计）

线形通过似直非曲的扭转与交叠，使其呈现出有机的建筑形体，这与通常情况线构成面、再由面拼接成体的方式截然不同，该方式生成的形态充满自然的流动感。西班牙建筑师安东尼·高迪早在一百多年前的设计作品中已经体现出曲线构图美感，他认为曲线是自然界的形状，也因此诞生其名言："直线属于人类，而曲线属于上帝。"

2. 体量

体量顾名思义表示物体的体积与质量，这两个词在几何学与物理学中十分常用，被表示物体所占空间的尺寸和单位体积内物质量的总和。建筑学与建筑构图学中的"体量"具有特定的含义，表示对形体规模的度量和观察者对其体积与质量的感受。在建筑构图学中对其有特定的度量标准：

1）建筑体量与建筑整体尺寸相关，尺寸越大体量越大。

2）建筑体量与其在三维空间中的形状相关，三维坐标尺寸相同的情况下，正方体和

球体的体量最大。

3）体量与组成其形体的元素的密度相关，一定体积的形体内组成元素的填充密度越大或元素的自身密度越大，形体的体量越大。

4）建筑形体的体量与其材料相关，材料的色彩、质感与光影效果等因素都影响着观察者对形体体量的感受。例如相同体积与形状的玻璃体和石块，因其表面光洁性、透光性和颜色的差别，使观察者认为其拥有不同的体量。

3. 质感

质感是物体的感觉特性，是人对物体材料刺激的主观感觉，也是物体表面质地（例如光涩、粗细、软硬、纹理等）不同状态在人心理上发生的反应。在建筑学中质感是指元素的尺寸、形状、布局和比例赋予表面的视觉以及特殊的触觉特性，质感决定着某一形式的各个表面反射或吸收照射光线的程度。质感将建筑带给人的感觉从视觉感觉拓展到触觉乃至听觉。质感的性质可以分为：光滑的和粗糙的，柔软的和坚硬的等，而在建筑构图学中决定其性质的条件有以下三方面：

1）质感与单位面积内构成元素的数量和尺寸相关。

2）质感与其纹理的自身尺寸、间距、形状和数量相关，从这个层面上表述，建筑表面可以区分为光滑表面、半光滑表面和粗糙表面，纹理自身尺寸越大，间距越大，形状变化越多、数量越多其表面越粗糙。

3）形体的表面质感与观察者距离形体表面的距离相关，距离越近观察者观察面积缩小，纹理细节观察更清楚，表面越粗糙，反之，观察距离越远，表面相对越光滑。

以勒·柯布西耶和史密斯夫妇为代表的"粗野主义"风格，强调呈现建筑自身的形式与结构美，反对针对建筑表皮进行的刻意粉饰，力图表达建筑本身的材料的本色与质感。如图 2-5 所示的马赛公寓整体用钢筋混凝土建造，建筑表皮摒弃一切装

图 2-5 马赛公寓外部与其细部的质感

饰，不做找平与粉刷处理，甚至保留混凝土模板的原有加工痕迹，用混凝土固有的粗糙质感，产生"粗野"的结构感，体现材质本质的同时，使观察与体验者将注意力更多集中于建筑设计本身。混凝土材质同样可以通过处理呈现出光滑质感，以上海龙美术馆为例，整体材料选用清水混凝土，表面进行抛光处理，整体面层呈现光滑、细腻、平整的质感。

4. 色彩

色彩是光和视知觉引发的一种现象，人们所感受到的不同色彩是视觉对不同波长的

光产生的反应（图2-6）。确切地说就是直射光线照射在物体表面，物体的表面属性将直射光折射或者反射为不同波长的光通过眼传给视觉神经，视觉神经将波长信息传递给大脑，大脑再指令腺体分泌激素，使人产生对色彩的知觉。

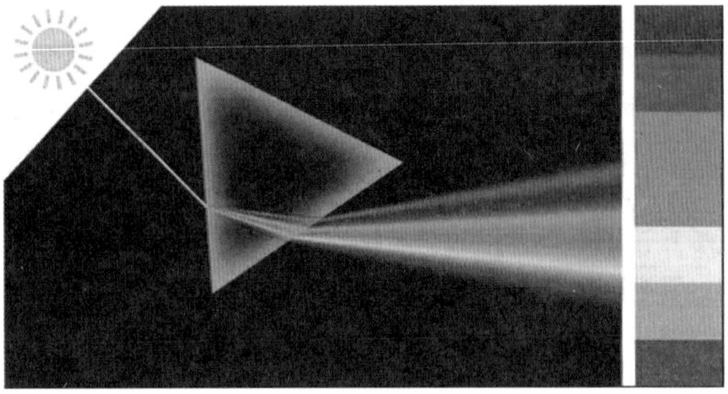

图 2-6　色彩的原理

建筑构图学中色彩是使形式区别于所处环境的明显属性，同时影响着形式的视觉重量。

色彩学的研究开始时间很早，其中最有名的三个体系是菲利普·奥托·龙格色立体、奥斯瓦尔德色谱和孟赛尔色谱。菲利普·奥托·龙格色立体是1810年由德国画家菲利普·奥托·龙格根据"人眼视网膜上存在感受红、绿、蓝色光的接受器（锥状体），分别对红、绿、蓝三种色光最为敏感，一切色彩的特性都可以由这些锥体细胞的感应量的比例来表示"的理论为基础，以"色彩之间的一切混合关系及完全的亲近性构造"为主题，发表的球形色立体构想设计图。

奥斯瓦尔德色彩体系是由德国化学家奥斯瓦尔德通过"定量分析"的方法，遵循色彩调和原理的同时，将色彩用数量进行表示和分析所制定的色彩学的"秩序原理"。

孟塞尔色谱是由美国画家、科学家孟赛尔于1905年发明的表色体系，1943年美国光学会测色委员会经多方论证正式发表修订后的"孟赛尔表色系"。孟赛尔表色体系是现在最常用的辨识物体颜色的色彩体系。它的核心内容是确立了色彩的三要素，即色相、明度和纯度。色彩的相关理论图示如图2-7所示。

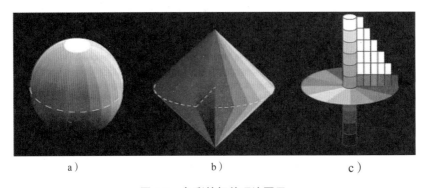

a)　　　　　　　　　　b)　　　　　　　　　　c)

图 2-7　色彩的相关理论图示

a）菲利普·奥托·龙格色立体　b）奥斯瓦尔德色彩体系　c）孟赛尔色谱

色相表示色彩的状态，孟塞尔色谱中分为五个基本色相：红、黄、蓝、绿、紫，以及介于它们之间的黄红、黄绿、蓝绿、蓝紫、红紫。孟赛尔色谱中将这10种色相分别四等分，并将得到的40种色相按照"相似临近"的原则逐次环绕"无色轴"排列形成色相环。

明度是表示色彩明暗程度的参数，明度最低的是理想中的黑色，其明度值为0，而明度最高的是理想中的白色，明度值为 10，白色与黑色之间共分 10 个档。

纯度也称为彩度，是表示色彩鲜艳程度的参数。如图 2-7c 所示，距离无色轴越近的色彩彩度越低，反之距离无色轴最远的颜色纯度最高。

现代色彩学依据色彩的三要素将色彩系统分为两大类：

（1）无彩色　是从白到黑之间只具备明度属性变化的颜色，白色明度最高，黑色明度最低，从白到黑之间有九个明度层次：白、亮灰、浅灰、亮中灰、中灰、灰、暗灰、黑灰、黑。这九个层次也可以看作是黑白两种颜色按九种比例关系混合后出现的颜色。无彩色（黑、白、灰）表示没有彩度，此时的彩度为 0。

（2）有彩色　是红、橙、黄、绿、青、蓝、紫以及由它们相互调和产生的所有颜色的统称，也可以理解为除无彩色以外的所有颜色都是有彩色。有彩色除具备明度的变化外，还具备色相与纯度的变化。

除上述两类基本分类外，还把金色、银色和荧光色归为另一类，称之为特殊色，多在印刷中使用。

中国色彩体系是以孟赛尔色谱为基准，参照伦杰色球与奥斯瓦尔德色谱建立起来的适合中国人的色彩体系。中国色彩体系要素同样为色相、明度和纯度。 如图 2-8 所示，色彩划分为 10 个基本色相，每个基本色分 10 级，取其中 10、2.5、5、7.5、10 等级的色相给予色彩标号，标号是 5 的颜色色相最高，而偏离 5 越远色相值越低。中心轴表示 0~10 划分为 11 个明度等级，其中规定明度值大于 8.5 的无彩色是白色，明度值小于 2.5 的无彩色是黑色，2.5~8.5 的无彩色是灰色。色彩彩度的数值同样与距离中心轴的距离有关，距离中心轴越远彩度越高，最外沿的颜色彩度最高。

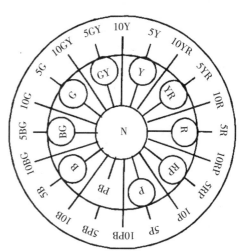

图 2-8　中国色彩体系图

自然环境中的色彩无论如何欣赏都是美好的，是因为自然色的内敛与和谐，自然界色彩的和谐不仅因为它们的多样，也因为色与色之间的整体统一使之达到一种朴素无华的平衡。自然界色彩拥有以下特点：

1）无处不在，自然界的所有物体都拥有色彩。

2）自然界的色彩呈现出各种色相、明度和纯度，通常认为高明度和高纯度的色彩不易与其他颜色协调，显得过于突兀，而这样的色彩搭配在自然界中比比皆是，却依然不影响其协调性，因此自然界色彩的协调性不受色彩三要素数值大小影响。

3）自然界的色彩并非一成不变，随着季节的流转色彩间互相转换，例如春天嫩绿的树叶到了夏季变成深绿，进入秋季而变成黄绿，因此自然界的色彩可看作是"活的"，它随着时间成长、变化。如图 2-9 所示蝴蝶的一生从一个虫卵到一只成虫，再破茧成蝶，再到最后死亡，除了形态的变化外，色彩也在随之不断改变直至消亡，且色彩三要素在此过程中均随之变化。

图 2-9　自然界中的色彩变化

4）自然的色彩有着明确的标志性，自然的色彩就是自身材质的色彩，是不加任何掩饰，也没有任何附加的，不会给人带来错觉，自然界中的色彩真实到可以用它们对颜色进行命名：土黄、玫瑰红、金黄、珍珠白等。

5）自然赋予色彩基调并给予色彩象征意，人们生存的地球的大地是土黄色或者石头的青色，天空是天蓝色的，附着在地面上的花草树木是绿色或者其他鲜艳的颜色，这是大自然定下的颜色基调。土壤的黄色和石头的灰让人们觉得朴实而稳重，天空蓝则轻盈、明快、干净和纯洁，红、黄、绿、紫色则象征着生机勃勃的生命。

建筑与城市的色彩与自然相比总是少了一分亲切而多了一份个性。建筑色彩是相对稳定的，难以随着时间的推移而呈现周期性的变化，因此建筑师对于建筑颜色的选择也应谨慎，因为每次选择将会使城市某处的色调持续一段较长的时间。相较于自然界的色彩，除相对稳定外，城市与建筑色彩还具有以下特点：

1）随着化工颜料与人造材质的发展，建筑无论是外立面还是内部空间中的颜色选择范围更大，已不局限于来自自然界的色彩。

2）色彩成为标新立异的商标突显着建筑的个性，但却因此造成建筑群或街区中整体色彩的和谐性与统一性遭受破坏。如图 2-10 所示，是城市中城中村中杂乱无章的建筑形式以及缺乏和谐统一的立面配色。

3）城市中的建筑、街道以及各种构筑物没有固定的基准色，配色自由。例如地面原有的土黄色和石头的灰色可以被其他色相或纯度的色彩代替，甚至采用多种颜色的组合。

图 2-10　城市中无序的建筑配色

建筑色彩设计，"色彩调和"是现代建筑中运用色彩要素的设计手法，色彩调和是指将两种或两种以上色彩按照一定的秩序进行合理组织，使其达到和谐统一的配色效果。建筑设计中的色彩调和并非只体现在建筑本身的色彩与色彩之间的调和关系，同时也体现在建筑与环境色彩的调和、建筑色彩与建筑形式间的调和。美国色彩学家杰德将色彩调和的原理归纳为四种：秩序原理、熟悉原理、相似性原理和明晰性原理。他的研究与奥斯瓦尔德"调和等于秩序"的原则不谋而合，强调根据有秩序的规划进行配色。配色四个原理进行实践操作时的核心环节是选色与配色，建筑设计中的选色与配色应当遵循以下几个基本原则：

1）根据象征意进行选配色。西方古典建筑中的用色极其多样，据《建筑十书》中的记载，古希腊时期建筑中广泛运用黄土色、红褐、鲜红、胭脂、淡红、朱红、灰绿、灰黄、白、红白、黑、蓝绿、深蓝、金等色彩，且每种色彩根据其象征意出现在具体的建筑构件中。例如多立克式柱头鲜艳的红色和蓝色；爱奥尼柱式表面除红色和蓝色外，还有金色部分；科林斯柱式则对金色更加情有独钟。拜占庭时期建筑外部采用稳重的冷色单一色调，而室内装潢上则运用各种纯度和明度极高的珐琅、琉璃形成巨大反差与对比效果，极尽奢华。当然在各国家与地区每种色彩的象征意也不尽相同，需要根据地域特点进行选择。

2）根据建筑功能进行配色。选色的另外一种方法是根据建筑环境需求配色，建筑功能决定其环境需求，进而对配色产生影响。以室内环境为例，学校、幼儿园、图书馆等对于采光要求较高的建筑，其室内环境中尽量选择明度较高的冷色，加强室内光线反射，达到增加亮度的效果。而对于需要避免光线直射与反射的环境，例如博物馆展厅等，应尽量选择明度较低的深色减少光线反射。

色彩通过视觉带给人不同的心理感受，不同功能的空间内对使用者的心理要求也不同。以住宅为例，卧室的主要功能是睡觉，这样的场所内需要的是明度与纯度均比较低的色彩，避免对人的神经系统过多刺激而导致人兴奋。而工作时需要人时刻保持清醒的头脑，因此办公建筑的选色一般都避免安逸、舒适、使人昏昏欲睡的暖色。

3）根据地域特点进行配色。建筑色彩的选择与其所处的地域有直接关系，首先是地域性材质带来的色彩可选性，当然这是被动的选色条件。其次，地域环境特点也是建筑色彩选择的决定因素。例如某地区为煤矿产区或者风沙较大，此时建筑外观选择干净、明快的色调（比如白色）并非明智的选择。

4）根据整体协调性进行配色。建筑配色的整体协调性包括建筑构件之间的协调性和建筑与建筑之间的协调性。配色的协调性体现在色相、明度和纯度三方面。如图 2-11 所示法国巴黎沿街建筑群，建筑与建筑之间的选色采用基本相同的要素关系，即使道路两侧建筑形式存在差别，但街区整体风貌依然和谐、统一。建筑自身的配色主要有屋顶的瓦灰、墙面灰

图 2-11 法国巴黎沿街建筑群

色的和黑色的金属栏杆，虽然色相存在差异，但明度和纯度均在相近区间，因此建筑自身配色也没有反差效果。如图 2-12 所示的威尼斯沿海建筑群，建筑间色相差异明显，但其相似的明度使建筑与建筑之间显示出和谐、统一的色彩搭配。

图 2-12　意大利威尼斯沿海建筑群立面

5. 肌理

肌理是指物体表面的纹理形式，《黑白平面构成》一书中对其定义为："肌理是客观存在的物质表面形式，它代表材料表面的质感，体现物质属性的形态"。通过这个定义，可以将肌理解读为"物体表面质感的形式"，自然界中的任何物体都拥有表面，而每个表面都有其特定的肌理。肌理与质感的区别在于，质感是形式带给观察者的感受，而肌理是实实在在存在的，肌理就是形式本身。

建筑的肌理是指其建筑表面的纹理形式。建筑的表皮肌理按照其形式，可分为三大类：

（1）点状肌理　建筑表皮点状肌理是指建筑表皮上的纹理成点状分布，特点其构成元素间具有较强的随意性、独立性和强调性，具有点状肌理特征的表皮给观察者精致均匀、醒目、稳定的感觉（图 2-13a）。通常情况下，点状肌理存在一定的"图底关系"。

（2）线状肌理　线状肌理是建筑表皮上的纹理呈现线形贯穿式分布，各线形构成元素间可以互相平行或互相交叠，线形可以是直线、曲线、折线或螺旋线，通常由表面形状决定。

线状肌理拥有较为明确的方向性，且方向不固定，其中最常见的是纵向与横向线状肌理。不同线状肌理效果主要是由线形粗细及其排列的疏密程度决定。纵向的线状肌理建筑显得简洁、明朗、高耸，而横向肌理的建筑显得稳重、坚固、层次分明。如图 2-13b 所示的两组线形肌理分别为曲线竖向肌理和横向折线肌理，两种的线形元素间都是平行关系。

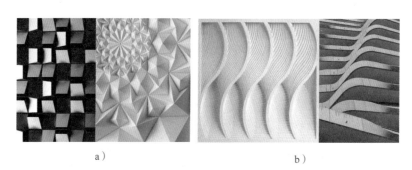

a）　　　　　　　　　　　　　　　　　b）

图 2-13　点状与线状肌理
a）点状肌理表皮　b）线状肌理表皮

（3）网状肌理　网状肌理可分为围合式与穿孔式两种：

1）围合式：可看作线状肌理的一种，是指线状纹理相互交叉相交或首尾相连，形成网孔状分布的肌理。由于围合式的组成元素曲直各异，所围合成的网格维度也分为平面网格与曲面网格。平面网格肌理，按网格单元几何形状又可以划分为三角形，四边形，多边形等，各单元网格之间的排列又有有序排列和无序排列之分，不同排列方式产生的肌理给人带来不同的视觉感受。曲面网格肌理的网孔之间是"成弧度"或"成角度"的连接，弧度与角度可出现在各个方向上，因此曲面网状肌理通常是三维空间内的肌理形式。同时弧度带给网格间圆滑的弯曲过渡，使表皮肌理显得柔滑而灵活，给人以饱满、柔和的感觉，达到柔化立面效果。如果网格是"成角度"连接，其网格之间的界线清晰、分明，网格显得张力十足，其倾斜的界线使物体表面产生流动的感觉，这种肌理让人产生不安定感，但确伴有强烈的视觉冲突。因围合式肌理由线形的交叉形成，因此呈现出类似于织物的编织质感。如图2-14a所示直线垂直交叉形成表面肌理呈现平面内规整的重复围合网格，表现出清晰的秩序感。而由各种折线交错形成疏密相间的不规则围合肌理，表面自由、生动且动感十足。

2）穿孔式：穿孔网格与围合式网格的区别在于其网格并非由连续线形交织形成。穿孔网格之间可以相对独立或彼此相邻。穿孔式的肌理形态由其孔洞的形状和大小所决定，而孔洞的形状大小也会直接影响到肌理的透明程度与形态。如图2-14b所示穿孔形式一致的情况下形成网格状重复或穿孔形式各异交错出现。穿孔式与点式类似，差别在于构成元素的疏密。

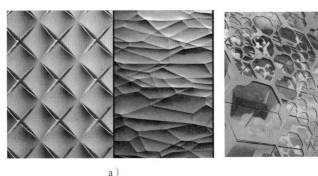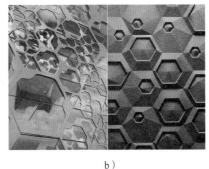

a）　　　　　　　　　　　　　　b）

图2-14　网状肌理
a）围合式　b）穿孔式

（4）混合肌理　建筑外观设计中，单一的肌理使建筑表皮朴素、完整且秩序感强。但由于建筑功能与室内外环境的要求，通常会产生多种肌理同时混合出现在同一图底的情况。这种混合肌理形式带给建筑表皮丰富的层次感和主次关系。如图2-15a所示的芬兰埃斯波文化中心立面主楼的玻璃幕墙部分通过横向与竖向的划分产生围合式表皮肌理，而左侧配楼的玻璃幕墙则通过竖向的栅格化处理创造竖向直线形肌理，两种肌理形式都在建筑立面产生虚化和通透效果，竖向栅格强调秩序性，而玻璃幕墙则强调整体感。

赫尔辛基大学图书馆正立面上用曲线进行划分的同时，实墙部分窗洞按次序重复整齐排列形成穿孔式肌理（图2-15b），而玻璃幕墙又通过横向与竖向线形的垂直交叉产生网格状肌理。

a） b）

图2-15　混合肌理建筑实例（张建涛拍摄）

a）芬兰埃斯波文化中心外立面　b）赫尔辛基大学图书馆外立面

通过上述几个实例可以得出结论：

1）肌理变化可以出现在建筑表皮，也可以作为建筑室内空间造型的方法。

2）这几种肌理分类之间界限相对模糊，有些肌理形式可以用不同类型进行定义。

3）建筑表皮肌理通常根据形体构图关系和建筑各空间功能要求混合出现。

4）建筑表皮的肌理形式能创造良好的外立面虚实关系。

6. 光、影

"空间造型，就是光的造型。"——路易·康。

欧洲文艺复兴时代的巨匠达芬奇说："什么是光与影——阴影就是缺少光，只有在致密的物体挡住光线的去路时，才能产生阴影。阴影是黑暗，亮光则是光明，一欲隐蔽一切，一欲显示一切。它们总是与物体相随，总是相辅而行。阴影比光明更强，因为它阻碍光明，并且能完全剥夺物体的光明，而光明确无法把物体（是指不透明物体）上的阴影彻底驱除。"

光与影之间对立统一，有着不可分割的因果关系，光离不开影的显现，而影离不开光的赋予。光影是光线照射至物体时在物体表面的分布情况，光影帮助人们有效地感知和观察几何形体。客观地讲，光影赋予人感性观察世界的能力，使人们视野中的所有物体都变得立体。

（1）光的分类　光可以分为可见光与不可见光两大类，不可见光是指肉眼无法看到的光线，例如：紫外线、红外线、远红外线等。可见光是指波长在390~760nm的，人肉眼能感知到的那部分光辐射。

建筑设计中指的光一般都是可见光，而影也是可见光形成的光影，可见光又可分为自然光和人造光两类，是基于光源差别进行的分类。自然光是指自然界中的太阳辐射经过大气层的吸收、反射、散射等作用后到达地球表面的光线。人造光是指由人工设计制造的光源而发出的光。

自然光与人造光都对建筑设计有至关重要的影响。通常所指的室内采光量是指自然光的采光量。而具有一定限定作用的光空间一般是指人造光所辐射的范围。

（2）光的照度　形体的光与影效果与光照强度（简称"照度"）密切相关。照度是物理名词，是光照强弱和物体表面积被照明程度的量。物体表面照度的决定因素：

1）光源自身的光线强度，自然光源强度受气候影响大，所以随机性大，不好控制，人造光源的光线强度可人工进行调节。

2）物体表面来自自然光源的照度是由光源的高度角、物体的表面结构和物体表面颜色所决定。

3）物体表面来自人造光源的照度除了由照射光线广元的高度角、物体的表面结构和物体表面颜色所决定外，还由人造光源本身的功率和光源距离被照射物体之间的距离所决定。

当强直射光照射在物体表面产生集中而明显的光、影，此时的受光区域不会出现过渡光影。而在极弱的光源下产生的效果则恰恰相反：在影深最深的位置可以观察到物体本身的色调，只是色调本身的亮度有所降低，因为此时即使在影深最深的位置依然存在反射与散射现象。

在极端理想状态下，假设光线仅从一个方向照射向物体，而其他方向完全没有光照条件时；受光物体表面与光源的方位关系决定了光影的效果：光源固定的情况下，物体方位发生变化时，产生的光影效果将发生变化；在物体方位保持不变，光源位置发生变化时，产生的光影效果发生变化；或者物体方位与光源位置均发生变化，且变量不同时，产生的光影效果发生变化。

4）通过对人造光源强度的调节来改变光影效果，足够的光源强度视觉形态认知的必要条件。光源亮度过低，使观察者视线模糊，影响形态认知程度，甚至产生视觉差。

（3）光与形　光影塑造形态，人视觉在黑暗中无法捕捉到形体，因此视觉对形体的识别离不开光。光照射在物体的表面，勾勒出物体的轮廓，而背光的一面形成阴影，使人们感受到形体的深度，正是受光面与背光面的光影变化，形体真实的形状得以呈现。形体的各组成部分间具有特有的秩序和联系，光影使这种联系得以表露，同时形体与周围环境之间的关联也被描述。

光影赋予形立体感，光影表现形体的形状与深度，赋予建筑立体感与深度感，空间中的光从一定方向和角度射向物体，受光面与背光面的影之间形成深浅不一的光影效果，物体的立体感由此光影的渐变而显现。光影渐变同时出现于形体整体和细部，使人全面认识形体。自然光随着地理方位、气候、时间的变化而产生变化，因此形体的立体感在不同环境中有所差异，但人造光源可以根据需求进行调节，创造设计师所需的立体效果。

如图2-16所示建筑是由查尔斯·莱恩设计的澳大利亚摩纳哥住宅，其形体外部材质与颜色完全相同，建筑表面的凹凸感在光影的作用下呈现出独特的立体造型。

图 2-16　澳大利亚摩纳哥住宅

（4）光与色　本节第四部分关于色彩的讲述中已经认识到光与色彩的关系：色彩是光和视知觉引发的一种现象，人们所感受到的不同色彩实质是视觉对不同波长的光产生的反应。因此光与色彩就像是一对母子，没有光就不存在色彩，而光线的强弱也决定了色彩的属性。

路易斯·康曾指出："我家的墙上不施色彩，不愿使自然光的效果受到干扰，光线在一日之间、一年四季中的改变，赐色彩予我们。地面、家具以及种种材料上的反光，形成了光线的空间，也就是我的空间。光线是一种基调，红光产生绿影，绿光产生红影……当我明白了这一切，我不再涂色，而以光线为依凭。由此获得的色彩，令人叹为观止，但无从驾驭。"

光与色在建筑中同时发生作用，如图 2-17 所示是由摄影师理查德·席尔瓦创作的《时光剪影》，摄影作品中呈现出一天中不同时段的英国国会大厦，一天中从早至晚自然光的角度、方向、强弱发生变化，带来建筑立面不同的色彩效果。而且白天的自然光与夜晚的人造光也带给建筑截然不同的光影效果。

图 2-17　一天中不同时段的英国国会大厦

（5）光与材质　光与材质有密不可分的关系，根据光和色的关系了解到色彩是材质对不同波长的光产生反射传达到人视觉所产生的。材质的许多物理属性只有光的参与才能体现，例如透明度、反射性、吸光性等。同时光能很好地表达出材质的肌理、质感和色彩，给材质营造良好的艺术表现力。

充足光线使人们清晰地辨认材质，通过视觉接收材质的特性。光照射在物体上发生反射，反射类型由物体的表面材质所决定：定向反射、定向漫反射或均匀漫反射。定向反射是当光线传播到物体表面时只有少量被吸收，绝大部分光线都被反射，定向反射发生时光线反射角等于入射角，且入射光、反射光与法线处于同一平面上。定向反射发生在光滑的材质表面，如玻璃、抛光金属、抛光大理石板等。定向漫反射是光线反射时发生一定扩散，此时在反射方向可看到光源，在其他方向上均能感觉一定亮度。发生定向漫反射的材料如经冲砂或酸洗处理的金属表面、油漆表面、金属复合材料等。均匀漫反射是反射光不规则地分布在各个方向，此时无法看到光源形象，只能看见各方向的亮度变化。发生均匀漫反射的材质粗糙、无光泽，比如砖墙，拉毛处理的素水泥，天然石墙等。如图 2-18a 所示的由盖里设计的比克曼大厦表面为抛光金属材质，局部的定向反射可以看到立面上的光源形象，产生炫目感。如图 2-18b 所示的建筑是德国布莱巴赫市音乐厅，其外表面材质选用当地采挖原石，立面粗糙，几乎不存在反光效果，但依然能分辨受光面与背光面。通过实例对比可以发现不同的光线反射效果可以使人辨识材质间的光滑与粗糙，感受到建筑的质感。

 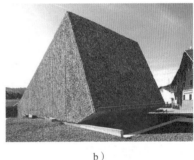

a）　　　　　　　　　　　　　　　　b）

图 2-18　建筑表面不同材质产生的反射效果

a）比克曼大厦外立面材质　b）德国布莱巴赫市音乐厅外立面材质

（6）光与空间　路易斯·康设计的金贝尔美术馆可谓将光与空间的关系演绎到极致。建筑外形由 16 个连续的平行拱顶组成。建筑采用混凝土结构，墙面厚重，局部设玻璃幕墙，大多数拱顶设置连续天窗实现自然采光。拱顶下通过设置曲面反射板将大部分光反射到拱顶侧面，同时一小部分光透过反射板进入室内，带来柔和优雅的氛围。展厅部分则拱顶反射板局部做不透明处理，遮挡直射光，产生影。门厅和阅览室等需光量大的空间做铝板穿孔。

如图 2-19 所示，康利用拱顶结构，在拱顶与端墙连接处设置了玻璃槽，对进入室内的光线进行引导，产生独特的光影效果。

金贝尔美术馆的例子说明：光是空间的主要构成要

图 2-19　金贝尔美术馆室内空间

素，没有光视觉无法认知空间，同时光也是空间的装饰要素。

光也是空间的划分要素，光线引导人在空间中的行为，缺少光线的空间，即"影"笼罩的区域成为"黑空间"或者"灰空间"，光照充足的空间成为"亮空间"，而介于它们之间的区域则成为光环境下的"过渡空间"（这里的所指与第五章第三节的分类不同，此处特指光环境下的空间分类）。

自然光随时间的推移而变化，随大气环境的变化而影响照度，因此难以形成稳定的"光空间"，建筑设计中广泛采用人造光源创造光空间。

图 2-20　上海复兴 SOHO 广场室内光影效果
（钱禹拍摄）

空间的划分方式有："刚性划分"（墙体、门、窗等）与"柔性划分"（光、植物景观等），其中光是空间柔性划分要素中最为廉价的一种，且较其他元素更灵活。如图 2-20 所示为上海复兴 SOHO 广场室内走廊就是利用光的层层划分，使之具有强烈的层次感。

光构成的空间不仅局限于室内，室外环境中同样拥有光划分的柔性空间。黑暗街道中的一盏路灯所形成的一片光亮区域可以给走夜路的人带来一定的安全感。而庭院中也常常通过设置人造光源的方式给予任性的庭院空间划分。

二、几何学要素

"数学是关于形式系统的学科。" 美国数学家柯恩的描述将数学与形式看作因果关系，而建筑形式中确实隐含着大量的数学要素。

数学中代数研究的是"数"，而几何学研究"形"，建筑构图的一项重要工作是进行形与形的组织，因此几何学与建筑构图学也互为因果关系。几何研究具有数理关系的"形"，几何形式被用作认知和解释建筑形式的重要手段。建筑设计也被认为是"构形"与"构空间"的过程，几何的形式也可以直接作为建筑或空间原型运用。如图 2-21 所示的白俄罗斯国家图书馆新馆是由建筑师克拉玛连科和维纳格拉多夫于 20 世纪 80 年代后期完成，但直到 2002 年才开工建设，2006 年正式完工并投入使用，该图书馆的主体部分为等边二十六面体几何体（由 8 个三角形和 18 个正方形组成的三维几

图 2-21　白俄罗斯国家图书馆新馆

何体），底座部分是多重圆环垒砌而成，这个建筑拥有强烈的几何图形感与立体感。

几何学定义与分类，赫尔曼·韦尔在他的著作《对称性》中阐述了如下观点：　"一种隐匿的和谐存在于自然，他以一种简单的数学规律的图像，投射到我们的大脑之中。数学分析和观察的结合之所以能够对自然所发生的事件做出预测，原因即在于此。"几何在西方最早是"测量术"的意思。也是世界最古老的学科之一（距今已有 4000 年发展史），相关理论涉及各学科领域，对人类社会各方面的发展都做出了突出贡献。几何学有多重分类方式，按照等级可以划分为初、中、高三个等级；按研究方法可以分为积分几何、解析几何、微分几何等；按研究性质可以划分为：欧式几何与非欧几何两类。非欧几何又可以分为两类，即拓扑几何与分形几何。欧式几何从欧几里得完成《几何原本》一书至今已有 2000 多年历史，拓扑几何有接近一个世纪的发展史，而分形几何则仅有 30 年历史。虽然这类几何学的发展历程各不相同，但其对建筑学的研究都起到了至关重要的作用。

本书不会过分讨论这三类几何学的历史及其理论，而只会列举与建筑构图学相关的几何学定理，以帮助读者对建筑构图理论有迹可循。

1. 基本几何形与其特性

德国著名哲学家胡塞尔指出："在经验的实践中不能达到的纯粹性，是透过挑选出特别利于直观的形状——例如直线、三角形及圆——进行观念化，并且在客观的和单义的（univocal）规定性中，创造出与这些形状相符并且作为观念存在的问题，以这些基本形态作为规定手段，由此出发对一些理念形态，最后是对全部的理念形态进行几何操作来广泛实现的。这些基本形态包括点、直线、正方形、正三角形、圆等，它们成为了基本几何形，需要指出的是这些基本几何形在现实的实际中是根本不存在的，但是它们可以以本身或它们相互之间的组合来定义其他的形态。"

根据胡塞尔的论述可以看出，他将人们理念与经验上广泛认知的点、线、面几何形定义为基本几何形，而与建筑构图学关系最为密切的面形（平面几何图形）是这里研究的重点。

（1）正方形　四条边均相等，两组对边分别平行，且四个角都是直角（90°）。邻边与对角线互相垂直，对角线平分且相等，每条对角线平分一组对角。正方形是形成黄金分割的矩形的基本图形，在建筑设计中常被用到，平面构图中的"九宫格"构图法就是通过将一个正方形平分为九个正方形，进行平面分割构图的方法。建筑史中世界各地、各个时期均能见到运用正方形进行平面构图的实例，如图 2-22 所

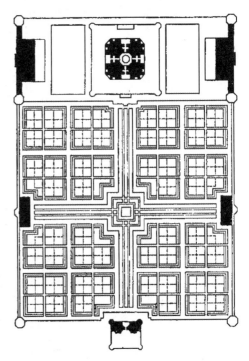

图 2-22　印度泰姬陵平面

示，印度最知名的建筑泰姬陵是一座伊斯兰风格建筑，修建于 17 世纪的莫卧尔王朝，被誉为"世界新七大建筑奇迹之一"，其前院平面为标准正方形，其正方形平面被反复四等分为多个正方形。

由于正方形各边相同，便于等分的特性，近现代建筑构图中正方形通常被作为具有模数关系的建筑构件形态。例如建筑立面中的窗洞形式、饰面瓷砖等。

（2）圆形　同一平面内到达一个定点距离相等的所有点的集合形成圆形。这个定点是圆的圆心，圆上任一点到达圆心的距离是圆的半径，通过圆心并且两点在圆上的线段为圆的直径，圆形一周的长度称为圆周。圆的圆周长与其直径的比值是圆周率，圆周率是一个无限不循环小数。

因其拥有一个对称中心、无数条对称轴（过圆心任一直线）、任意点曲率相等且面积周长比最大等特性，

图 2-23　圆之间的组合关系

因此伽利略将圆称为"完美图形"。其"完美性"使圆形成为建筑构图中的常用几何元素。无论是建筑的整体形式还是建筑构图元素都可以经常看到圆形的存在。圆之间的组合关系多种多样，最常见的关系有：相交、相切（内切、外切）、同心、偏心，如图 2-23 所示。

巴黎凯旋门是运用圆形辅助线进行设计的经典案例。它是拿破仑为纪念打败俄奥联军取得胜利而修建的纪念性雕塑，凯旋门高 49.54m（含顶部装饰），宽 44.82m，厚 22.21m，中心拱门高 36.6m，宽 14.6m，几经周折，最终由法国建筑师夏格朗设计修建完成，其立面遵循严格的几何形式：门整体为正方形，两条对角线为外切圆的直径，且互相垂直。中心拱门的拱顶形成的圆形恰巧为外切圆的同心圆，该同心圆距离地面的高度为与之相同的切圆直径（如图 2-24a 所示）。

建筑剖面构图中同样拥有圆与圆的几何关系。如图 2-24b 所示的古罗马万神殿是至今完整保存的唯一一座罗马帝国时期建筑，始建于公元前 27~25 年，由罗马帝国首任皇帝屋大维的女婿阿戈利巴建造，其剖面中神殿主体部分外轮廓与室内穹顶轮廓形成同心圆，圆心位于墙体与屋顶的交界处。

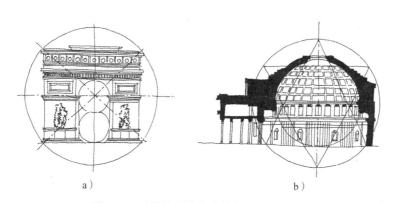

a）　　　　　　　　　　　　　b）

图 2-24　建筑构图中隐含的各种圆形关系

a）巴黎凯旋门立面　b）古罗马万神殿剖面

（3）等边三角形 也被称为正三角形，是特殊的等腰三角形，构成等边三角形的三条边与三个内角均相等，均为 60°，等边三角形是锐角三角形，以任何一边为底都是最稳定的三角形，基于这种稳定性，很多纪念性建筑中常运用等边三角形的构图方法，如图 2-25 所示的君士坦丁凯旋门是罗马帝国时期为了纪念君士坦丁大帝击败马克森提皇帝统一罗马而建的纪念性建筑，立面中隐

图 2-25 君士坦丁凯旋门立面

含的等边三角形使建筑比例关系更加稳定，由此突显稳重与磅礴气势。

等边三角形与圆有紧密的关联，其内切圆与外切圆是同心圆，因此在出现同心圆的建筑构图中通常也伴随着等边三角形的存在。如图 2-24b 所示的古罗马万神殿剖面中神殿的主体建筑外轮廓形成的外切圆同时外切等边三角形，等边三角形的底边的两个端点位于建筑主体的墙基处。

（4）椭圆形 是基本几何图形之一，宇宙中的行星运动轨迹通常是椭圆形轨迹，椭圆形可看作是由圆形变形而成的长圆形，同样也是从圆到直线变形的过程。平面中的椭圆形具有两条对称轴，两条轴相互垂直，长度不同，长的是主轴，短的是次轴，主、次轴之间的差别越小，其形状越趋向于圆形。

明确的垂直轴向关系使椭圆成为建筑构图中的主要手法，如图 2-26 所示的中国国家大剧院由法国建筑设计师保罗·安德鲁设计完成，2007 年竣工，坐落于天安门广场西侧，其体量巨大，占地 11.89 万 m^2，总建筑面积约 16.5 万 m^2，其中主体建筑 10.5 万 m^2，建筑采用钢结构整体形成一个半椭圆体，立面与水体的倒影也共同构成一个完整的椭圆形，平面中也含有多个椭圆形。

图 2-26 中国国家大剧院立面与平面

2. 黄金分割

《中国大百科全书·数学》对黄金比的解释是："这条线段可以分为两条线段，其中的一条线段是整个线段和另一条线段的比例中项。"早在欧几里得《几何原本》中对黄金分割率就有详细描述。

黄金分割是最有名的比例关系，在历史上曾被披上神秘的外衣，中世纪后期，更被学术界一度推上神坛，文艺复兴时期包括数学家帕乔利（Luca Pacioli，1445~1517）在内的数学家们也为之倾倒。1509年，帕乔利在威尼斯出版著作《神圣比例（Divina proportione）》，书中他将黄金分割称作"神圣比例"，并认为世间一切美的事物都应服从黄金分割这个神奇的比例法则。帕乔利在书中阐述了黄金分割之所以神奇的理由：

1）这个分割只有一次，多余一次的分割将破坏黄金分割的比例关系，因此黄金分割具有唯一性。

2）黄金分割是无理数，容易理解的有理数无法表达这种比例关系，数学家称之为"无理（比例）"，因此黄金分割是神秘的、隐蔽的。

3）黄金分割是比例关系，没有具体的数值，因此它的存在与数值的大小无关，这是黄金分割的一致性。

帕乔利认为黄金分割的这些性质与上帝所拥有的特征极为相似，因此将其称之为"圣神比例"。

黄金分割比例的构成方法有很多种，其中最常用的线段构成法、三角形构成法和矩形构成法。如图2-27所示将一条线段 AB 分为两部分，整条线段的长度 AB 与较长部分长度 AP 的比值与较长部分长度 AP 与较短部分长度 PB 的比值相同，即 $AB/AP=AP/PB$，这个比例关系是由线条的分割过程中线条的近似比1.61803:1所决定的，这个比值也可以写作（ $\sqrt{5}$ +1）/2，这个黄金分割构成方法称为线段构成法。

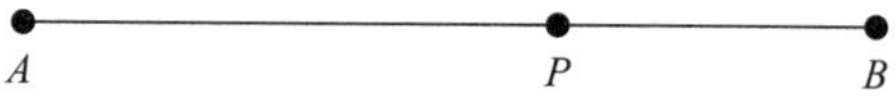

图2-27　黄金分割线段

三角形构成法，如图2-28所示，做一直角三角形，使该直角三角形的两直角边 $BD:AB$ 的长度关系为1:2。以直角一边 BD 为半径，点 D 为圆心做圆，使之与三角形斜边 AD 相交，交点为 E，再以点 A 为圆心，AE 为半径做圆，使之与直角边 AB 相交，交点为 P，P 点即为线段 AB 的黄金分割点，则：$AB:AP=AP:PB=$ （ $\sqrt{5}$ +1）/2:1≈1.618:1。

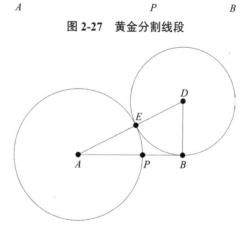

图2-28　黄金分割三角形构成法

矩形构成法与黄金分割矩形，如图2-29所示，做任意正方形 $ABCD$，取边 AB 的中点 P，连接 P 点与 C 点，以 P 点为圆心，以 PC 长度为半径做圆，圆弧与边 AB 的延长线交于 E 点，沿 E 点做与 AE 垂直的直线使之与边 DC 的延长线交于 F 点，则构成黄金矩形 $AEFD$，其中原矩形边长 AD 为矩形的短边，此时，$AE:AD=EF:BE=$（ $\sqrt{5}$ +1）/2:1≈1.618:1。

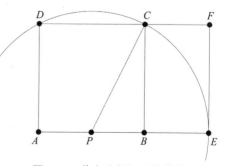

图2-29　黄金分割矩形构成法

矩形和正方形是建筑设计中十分常见的几何形式，无论平面、立面的构图中矩形都是最常见的图形，因此黄金矩形在建筑构图中的作用也不言而喻。黄金矩形的"神秘"之处主要体现在以下几个方面：

1）黄金矩形具有完美的比例，如图 2-30 所示的一组黄金矩形数列，当其长边之比按照黄金比例 $H_1/H_2=H_2/H_3=H_3/H_4=H_4/H_5=(\sqrt{5}+1)/2 \approx 0.618$ 时，前两个矩形的长边长度之和恰巧等于第三个矩形的长边长度之和，即 $H_1+H_2=H_3$，$H_2+H_3=H_4$，$H_3+H_4=H_5$，此时短边长度之间的关系也遵循该规律。并且如图 2-30 所示 $H_1=H_6$，$H_2=H_7$，$H_3=H_8$。

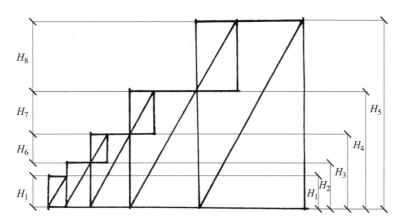

图 2-30　边长按照黄金比率排列递增的黄金矩形

2）根据各种比率可以分割为各种黄金动态矩形：所有矩形根据长、短边长度比值可分为两类：边长比值为有理数的矩形，如 $1:2$，$1:3$，$2:3$，$3:4$，$4:5$ 等的固定矩形。另一种是边长比值关系中存在无理数的，如 $1:\sqrt{2}$，$1:\sqrt{3}$，$1:\sqrt{5}$，$1:(\sqrt{5}+1)/2$ 的动态矩形。

有理数比值的固定矩形分割时的平面比率是固定的，很难使人产生令人愉悦的视觉感受。这些分割往往是可预测的、有规律的而且缺乏变化的。而含无理数比值的矩形其内部分割方式和平面比率则具有很大的偶然性和不确定性，正是这种不确定性能给人带来不同的视觉感受。

如图 2-31 所示的来自《艺术与生活中的几何学》（The Geometry of Art and life）一书中描述的一些黄金分割动态矩形图，图中五个黄金矩形均采用对角线法对其内部进行分割，分割差异虽大，但黄金矩

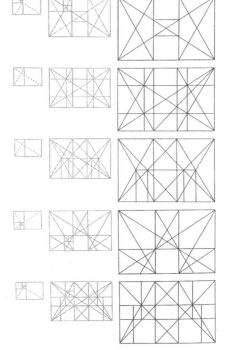

图 2-31　多种黄金分割动态矩形

形内部却只出现正方形和黄金矩形两种基本单元，而这两种形式都是使人愉悦的几何图形。

3. 斐波纳契数列

如图 2-30 所示的黄金矩形的排列中，矩形的长边间具有如下特征：$H_3=H_2+H_6$，$H_4=H_3+H_7$，$H_5=H_4+H_8$，且 $H_1=H_6$，$H_2=H_7$，$H_3=H_8$，则 $H_3=H_2+H_1$，$H_4=H_3+H_2$，$H_5=H_4+H_3$。这组数列后一项的数值等于前两项的数值之和，用公式表示为：$F_n=F_{(n-1)}+F_{(n-2)}$，这就是斐波纳契数（Fibonacci Number）的逻辑公式。由此可见黄金分割的特殊比例特性与斐波纳契数列的关系。

斐波纳契数列因数学家列昂纳多·斐波纳契（Leonardoda Fibonacci）以兔子繁殖为例子而引入，故又称为"兔子数列"。早在古希腊时期就为人所熟知，特别是其与黄金分割的密切关系，因此还被称为"黄金分割数列"。在数学上，斐波纳契数列 F_n 是以递归的方法定义的，即

$$F_0=0,$$
$$F_1=1,$$
$$F_n=F_{(n-1)}+F_{(n-2)},$$
$$\cdots\cdots$$

这组数列以 0 和 1 为原始值，数序为 0、1、1、2、3、5、8、13、21、34……，前面两个数相加得到第三个数字，以此类推，例如，0+1=1，1+1=2，1+2=3，2+3=5 等。如图 2-32 所示，该数列中相邻两个数字的比值非常接近黄金比率：从 2 开始，前一位除后一位的值近似于 0.618，后一位除以前一位的数值则近似于 1.618。尤其是数字 377 与前后数字 233 和 610 的比值最接近黄金比率。

3/2	=1.5000
5/3	=1.66666
8/5	=1.60000
13/8	=1.62500
21/13	=1.61538
34/21	=1.61904
55/34	=1.61764
89/55	=1.61818
144/89	=1.61797
233/144	=1.61805
377/233	=1.61802
610/377	=1.61803　接近黄金分割值

图 2-32　斐波纳契数列

连分数的方式能更加有效地反映数列的结构体系与倍数关系，如图 2-33 所示，按照连分数的方式重新排列斐波纳契数列，可以发现其形成了与黄金比率相似的"层次化"结构关系。

$$\frac{1}{1}=1,\ \frac{2}{1}=1+\frac{1}{1},\ \frac{3}{2}=1+\cfrac{1}{1+\cfrac{1}{1}},\ \frac{5}{3}=1+\cfrac{1}{1+\cfrac{1}{1+\cfrac{1}{1}}},\ \frac{8}{5}=1+\cfrac{1}{1+\cfrac{1}{1+\cfrac{1}{1+\cfrac{1}{1}}}},\ \cdots \qquad 1+\cfrac{1}{1+\cfrac{1}{1+\cfrac{1}{1+\cfrac{1}{1+\cfrac{1}{1+\cdots}}}}}$$

a)   b)

图 2-33　斐波纳契数列与黄金比率倍数关系对比

a) 斐波纳契数列的倍数关系　b) 黄金比率倍数关系

4. 埃及三角形

《建筑学讲义》的作者维奥莱·勒·迪克对于建筑与等腰三角形、等边三角形的关系有很深入的研究，他尤其对 "埃及三角形" 有特殊的兴趣。"埃及三角形" 是以底边四个单位、高五个单位的直角三角形，沿长直角边镜像后拼合而成的等腰三角形。

　　另一种绘制埃及三角形的方法是先构建一个长八个单位、宽五个单位的矩形，连接长边两个顶点与对向长边中点形成等腰三角形（图2-34a）。维奥莱·勒·迪克在巴黎圣母院、亚眠天主大教堂与罗马康斯坦丁基督教堂中均发现埃及三角形的比例关系：底边与高的比例为8∶5，边长为$\sqrt{41}$或稍大于6.4个单位。

　　如图2-34b所示的等腰三角形也是由两个直角三角形组成，每个三角形的直角底边为$\sqrt{2}$个单位，高为$\sqrt{3}$个单位，斜边是$\sqrt{5}$个单位，此时，整个等腰三角形的底边为$2\sqrt{2}$个单位。该等腰三角形的三条边都是无理数，因此无法通过测量得出，但是这样的比例关系的确符合建筑的中轴对称的稳定性关系，例如帕提农神庙立面，具体见第四章关于比例的相关内容。

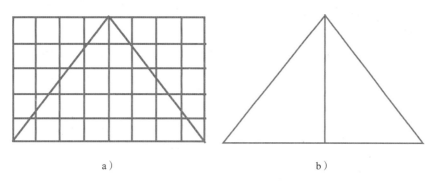

a)　　　　　　　　　　　　b)

图2-34　维奥莱·勒·迪克的构图方法

5. 根号矩形

　　关于根号矩形最早的论述出现于汉布里奇的《动态对称性元素》，是以黄金分割与等差数列为基础的一种矩形关系。根号矩形的作图方法如下（图2-35）：

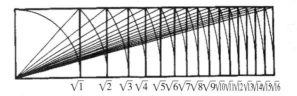

　　1）先画一个正方形，以该正方形作为基础图形，正方形的边长为一个单位，此时的正方形就是$\sqrt{1}$矩形。

　　2）以该矩形的一个顶点为圆心，以连接该顶点的对角线长为半径做弧，该弧与正方形邻边的延长线相交，即生成新的边长为$\sqrt{2}$，而由该边与原正方形边长形成的矩形是$\sqrt{2}$矩形。

　　3）再以该顶点为圆心，以$\sqrt{2}$矩形对角线为半径做弧，该弧线与邻边延长线的交点形成的边长为$\sqrt{3}$，而该边与

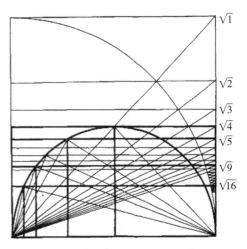

图2-35　各种根号矩形的作图方法

原正方形边长形成的矩形就是 $\sqrt{3}$ 矩形。

4）依次类推继续做出 $\sqrt{4}$、$\sqrt{5}$、$\sqrt{6}$、$\sqrt{7}$……矩形。

$\sqrt{2}$ 矩形的比率与黄金分割率的比例十分接近（$\sqrt{2}$ =1.414，黄金分割率为 1.618），且 $\sqrt{2}$ 矩形具有能无限被分割成等比矩形的性质，因此该矩形成为欧洲 DIN（德国工业标准）纸张尺寸体系的基础，海报、图样均使用该比例。而 $\sqrt{5}$ 矩形与黄金比例的关系更加紧密，如图 2-36 所示的以正方形底边中点为圆心，以底边中点与顶点连线为半径做圆的方式可以构成 $\sqrt{5}$ 矩形，此时 $\sqrt{5}$ 矩形中正方形两侧的两个对称矩形都是黄金分割矩形。

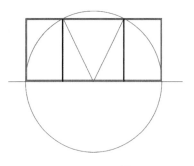

图 2-36　正方形构成 $\sqrt{5}$ 矩形的方法

各种根号矩形因其与黄金比例之间的联系被认为是美的，因此在平面设计、建筑立面设计中被得到广泛运用，在第四章对比例的介绍中会做具体的案例分析。

6. 数列与中项

等差数列与等比数列是最常用的两种数列，在建筑设计中也时常被使用，建筑构图手法中的韵律、均衡、比例和尺度都能运用到数列的相关理论。

数列的定义：数列是指连续量值形成的体系，这个量值体系中的各量值之间存在着特定的关联或规律。

1）等差数列与等差中项：是指数列中的相邻数列之间运用加法或减法法则，通过加减运算使相邻量值间产生恒定"差值"的一组无限递增或无限递减的数列。公差是更为好理解的数列形式，设等差数列的公差为 d，初始值 a_0，则公差中的任一项 $a_n = a_0 + (n-1)d$。

例如，当 d=2，a_0=1 时，$a_0 = a_1$ 数列情况如下：

1，3，5，7，9，11，13，15，17，…

等差数列中的公差 d 如果是负数时，例如，当 d=-2，a_0=1 时，数列情况如下：

1，-1，-3，-5，-7，-9，-11，-13，-15，…

也可将等差数列分解为有层次的递进关系式：

$$a_0,$$
$$a_0+d,$$
$$(a_0+d)+d,$$
$$[(a_0+d)+d]+d,$$
$$\{[(a_0+d)+d]+d\}+d,$$
$$\cdots$$

等差数列中决定各项数值差异的要素是公差 d 和初始值 a_0。等差数列是建筑构图中最常用的数列形式，如图 2-37 所示的上海金茂大厦，其建筑主体高塔部分每层平面均为正方形，但自下而上逐渐收窄，立面形成有韵律的抛物线，其自下而上的收窄分组就是按照等差数列关系逐级递减的，其中下部的 13 层是一组相同平面，第二组 12 层是一组相同平面，再向上 11 层平面相同，以此类推。

等差中项：等差数列中连续三项数中的中间项就是前一项与后一项的等差中项。例如上述的递进式中 a_0+d 是 a_0 与 $(a_0+d)+d$ 的等差中项，等差数列 1，3，5，7，9，11，13，15，17，…中，3 是 1 和 5 的等差中项，5 是 3 和 7 的等差中项，以此类推。

2）等比数列：是指数列中的后一个量值与其前面量值是倍数的关系。等比数列可记为 $\{a_n\}$，即 a_1，a_2，a_3，…，a_1 是数列的"首项"，a_2 是数列的"第二项"，依此类推。等比数列的通项式为 $a_n=a_0r^{n-1}$，其中 r 为公比，a_0 作为已知初始值，$a_1=a_0$。等比数列中前 n 项的和符合公式：$S_n=\dfrac{a_0-a_0r^n}{1-r}$。

图 2-37　上海金茂大厦

例如，当 $r=2$，$a_0=1$ 时，数列情况如下：

1，2，4，8，16，32，64，128，256，…

当 $r=3$，$a_0=2$ 时，数列情况如下：

2，6，18，54，162，486，1458，…

如果将等比数列以简洁"幂"的方式表达，可以写作：

a_0r^0，a_0r^1，a_0r^2，a_0r^3，a_0r^4，a_0r^5，…

例如，当 $r=2$，$a_0=1$ 时，数列情况如下：

2^0，2^1，2^2，2^3，2^4，2^5，2^6，…

由上述示例可知等比数列中的初始值 a_0 和公差 r 是决定数列形式和属性的决定要素。公差 r 作为一个固定的倍数，根据初始值和数列前项的数值决定数列中后项的数值，而前项与后项的数值差由公差 r 的大小决定。

建筑构图学中的构图手法韵律与比例中广泛运用等比数列理论。通过控制等比数列中初始值 a_0 和公差 r 的参数，可以得到不同的建筑比例与建筑造型。

等比中项：等比数列中连续三项数中的中间项就是前一项与后一项的等比中项。例如上面的递进式中 2^2 就是 2^1 与 2^3 的等比中项。

第二节　心理学要素

心理学是研究人类心理活动的学科，人的视觉和行为感知（触觉、味觉、听觉）会产生不同的心理状态，同时人的心理状态与心理活动也能影响人的行为，无论是人观察（欣赏）或体验（使用）环境与建筑时，都会产生心理感受，例如人们会感觉某座建筑神秘、空旷、安静、神圣，这些感觉就是心理感受。

心理学的研究领域很广，但凡与"人"相关的学科都涉及心理学理论。建筑设计是研究人与建筑关系的科学，自然也涉及心理学理论。建筑构图中主要运用的心理学理论包括：完形心理学（格式塔心理学）、环境心理学、色彩心理学和视错觉。

一、完形心理学

视觉审美：审美活动是人的视知觉与心理活动共同作用的结果。美是人对于观察物的主观感受，每个人对于美的认知不同，即每个人都有各自的审美观。但有些对美的评判原则有其通识性，现代建筑美学理论可以分为形式主义和表现主义两大类：

形式主义美学理论认为：美是形式的特定关系产生的效果，形式关系包括尺寸与尺度关系，色彩关系、比例关系、形状关系等。美蕴含于形式本身或其直觉之中，或是由形式、直觉激发而来的一种情绪。美感是一种情绪，与它的涵义和外来概念无关。这种美学思想，激起建筑设计中比例至上的观念，设计师将着眼点定位在长、高、宽等数学尺寸和比例关系中。一大批建筑师在形式、形状、模数、模度中追求建筑美。

表现主义美学理论的基本概念：首先了解作品的功能、使用目的、所要表达的意义与概念，美来自于表达得是否"恰当、得体"。黑格尔的美学思想："以最完美的方式来表达最高尚的思想那是最美的。"叔本华认为："艺术是通过意志（欲望、力量）和行动（体量、材料）之间基本的、必然的斗争而获得价值的。"

形式主义者和表现主义者都针对各自的理念发表了很多相关专著，并创作出大量设计作品对其加以论证。

完形心理学：格式塔心理学（Gestalt Psychology），Gestalt 一词源于德语，意为整体和完形，因此格式塔心理学又被称作完形心理学，是西方现代心理学的主要学派之一，诞生于德国，该学派的创始人德国心理学家韦特海默（M·Wertheimer）于 1912 年在法兰克福大学做了似动现象（phi phenomenon）的实验研究，随后发表论文《移动知觉的实验研究》对其进行描述，该研究被认为是完形心理学派诞生的标志，其代表人物还有科勒（W·Kohler）与考夫卡（K·Koffka）。完形心理学的初期研究是在柏林大学实验室内完成的，所以也被称为柏林学派，但最终在美国得到进一步发展。该学派反对美国构造主义心理学的元素主义，同时反对行为主义心理学的刺激反应公式，主张研究意识和行为，强调整体性，认为整体并非部分之和且大于部分之和，主张以整体的动力结构观来研究心理现象。建筑构图学中"完整性与统一性"就是以此为依据。

完形的概念："完形"的词源最早来自于奥地利学者埃伦费尔斯(Ehrenfels)的论文《论形质(Umber Gestaltguatitaten)》。论文对完形的概念及完形心理学的产生起到重要作用。他提出格式塔质及形质(Gestaltqualittat)的概念。认为对形质经验的产生绝非一般意义上的"各种感觉简单的联合"。埃伦费尔斯认为时间或空间在组织形式的过程中会产生一种新的属性。他提出的形质论认为，新的基体（四方形）不属于任何单一的基质（直线），而是由四条直线在组织过程中产生的直接经验的集合，它是一种新的元素，它具有格式塔的性质。

完形心理学派代表人物科勒（ W·Kohler ）认为"完形"有广义与狭义之分，"广义的完形"是指"通过视知觉的经验组织形成的整体"。"狭义上的完形"是指形式或形状的集合，即物体所具有的一般物质性质。而格式塔心理学认为： "形"的性质是原有的客体本身所不具有的"形"而是作为一个统一的整体被视知觉所感知，而后才被思维分解成部分进一步的理解。它涉及物体本身的形式逻辑，而不是物体本身的物理属性上的形式。

完形涉及视觉艺术和心理学两个领域：视觉艺术领域的格式塔心理学着重研究视知觉感知外物时的一般规律及人的思维活动中对视觉形象再组织的作用，格式塔理论学派认为美观的艺术作品应当具有完整性和有序性，良好的艺术构图是按照一定形式的逻辑进行的。心理学领域的格式塔心理学主要研究目的是进一步揭示人类心理和视知觉的一般性机制，从而总结出完形的概念。

格式塔心理学的主要理论观点是"心物同形（isomorphism）"理论，也可称为"心物同机"理论。该理论的提出是格式塔心理学派用于解释格式塔的理论来源和视知觉组织原则。该理论认为人的思维具有完形化的特性，当接触到具有组织关系的环境时，无论此种关系是显性或者隐性，都会在思维中生成一个与之同形的"模型"，这就是"同形论"。视知觉感知到的"形"所具有的结构关系和资质秩序与作为意识基础大脑所形成"模型"的关系与秩序是一致的，但并非绝对的一一对应关系。考夫卡在《格式塔心理学原理》一书中将"心物同形论"总结为"行为场"和"生理场"之间"形与形"的关系问题。他将"心物同形理论"分解为"心物场（ psychophysical field ）"和"同形论（ isomorphism ）"。心物两极之间所形成的场就是人们认识世界的载体，心物场包含着外部环境和内心世界的双向感知。视知觉在经验过程中获取外界信息时具备同形或是交叉同形的特征，使得人们对事物的认同并不需要绝对的等同。

格式塔心理学派总结视知觉组织理论："图——底"关系、相似原则、接近原则、连续原则和封闭原则，这五大理论渗透入艺术美学和建筑构图的方方面面：

1）"图——底"关系，"图——底"关系是最基本的完形组织理论，是视知觉组织原则的基础。格式塔心理学家认为，视知觉会自然将视域内的所有图像分为图形和背景两个部分，图形相对于背景来说更加实在，从中突显出来作为视觉中心。而这种突显又源于图形具有整体性的倾向。只有完整的图形才会被知觉从背景中抽离出来。该原则的对象一般是平面或者立面构图，而在具体的构图设计中，图与底的关系有时也并非绝对，有时会互相转换，当图、底具有相同的视觉强度时，就彼此互为图底。如图2-38所示，图底关系可以分为稳定性图底、可逆性图底（互为图底）两种。图2-39所示为建筑立面中三种图底关系的运用实例。

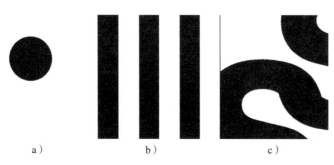

图2-38 构图中的"图——底"关系
a）稳定性图底　b）、c）可逆性图底（互为图底）

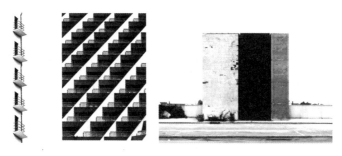

图2-39 建筑立面"图——底关系"实例

2）相似性完形，韦特海默（M·Wertheimer）于1923年发表论文《Laws of Organization in Perceptual Forms》对相似性定义如下：相似性法则是众多完形法则（Gestalt Principles of perception）其中之一，主张相似元素会被看作同一组或统一模块，因此比不相似元素更让人觉得有关联性。

构图相似性是指构成元素某一视觉属性（大小、形状、颜色、材料、肌理、方向、体量等）的相似性而使其趋向于形成一个整体。彼此相似的部分比其他部分有较大的趋向性，其中有多个视觉要素相似的部分其趋向性更强。而元素的视觉属性越少其形成整体性的效果也越明显，因此通常用平面简单图形进行构图的相似性分析，较复杂的构图中也将构成元素进行简化处理以探寻它们之间的关联。

通过元素相似性所产生分组效果，会降低设计的复杂性，并增加设计元素之间的关联性。相反，缺乏相似性的设计会令人觉得有多个不同关系，增加了元素间的差异性。

在元素的基本属性中颜色的相似会产生最强的分组效果，颜色越少其分组效果越强，随构图组成颜色的增加，分组效果也随之减弱。

大小是仅次于构图中元素分组的属性，但人视觉对于大小的判断通常会产生误差，第四部分关于"视错觉"的论述中会谈到色彩、形状等因素影响元素大小判断的实例，但当构图元素的其他基本属性（颜色、形状）均一样的情况下，大小就成为重要的分组依据。

形状的相似性是最薄弱的分组策略，通常在颜色与大小完全相同的情况下配合使用。

如图 2-40 所示的简化图形中形状分为圆形和正方形，颜色有深色和白色，其中圆形趋向于一个整体构图，方形趋向于一个整体，而白色的圆形趋向性更强。

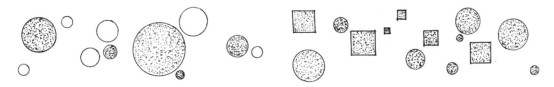

图 2-40　相似性完形

建筑设计中元素间通常会使用相似性的分组关系来确立构图的完整与统一性，如图 2-41 所示的两个建筑立面构图中的窗洞形式采用不同形状与规格交错搭配的方式，建筑师选取的窗洞形式整体可以按照大小和形状进行分类，因此虽然交错穿插但给人的视觉感觉并不凌乱。其中图 a 中的立面中窗洞形状属性差异巨大，矩形与正方形的相似度偏高形成一类分组，而圆形窗洞则与之产生对比，而图 b 中的窗洞形状是由各种比例矩形组成，且窗洞部分均为深色区域，但大小差别明显，因此该立面构图中的窗洞元素产生大小分组效果。建筑立面的门窗开洞方式与表皮肌理形式是

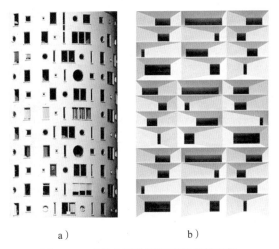

a）　　　　　　　b）

图 2-41　建筑立面构图元素相似性实例

建筑设计中使用相似性原则的其中一方面，建筑平面与形体设计中经常运用相似性达到完整、统一的构图效果。

3）接近性完形，接近性原则是指图形组成部分中距离较为接近的元素趋向形成一个整体。此处的距离可以是元素间的平面距离或空间距离，而非图形距离观察点的距离。

视知觉通常将构图中彼此接近的元素默认为一个分组，这种趋势不仅发生在属性（大小、形状、颜色、材料、肌理、方向、体量等）相同的元素间，属性不同的元素组合同样符合接近性完形原则。如图 2-42 所示的图形由大小不一的圆形组成（属性不同），因其个元素间的距离差异，构图中的分组形式并非由大小决定，而是由其距离的远近决定。

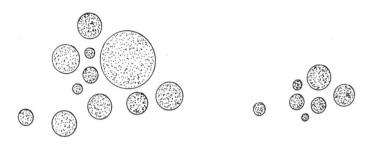

图 2-42　接近性完形

　　由此可知，当元素之间距离存在较大差异时，接近性完形产生的分组效果强于相似性完形的分组效果。

　　4）连续性完形，连续性是指图形各组成元素间按照一定规律排列而趋向于形成一个整体，即视觉系统会对视知觉所接收到的视觉形象做出具有规则的连续性组合。这种规律可以是一个人们常见的形式、形状或者趋势。如图 2-43 所示的图形中，一个是按照直线连续性排列，而另一个是根据螺旋线由大到小依次排列，形成连续性完整图形。构成元素的大小差异（个别属性差异）不影响图形的连续性。

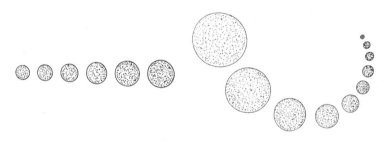

图 2-43　连续性完形

　　构图元素之间的连续性通常反应为彼此间排列的数列关系（等差数列、等比数列），几何学的数列关系带来联系的韵律排列，这些韵律关系为人们所熟知，从视觉上容易产生关联性（相关内容参见第二章第一节几何学要素中关于数列的相关内容，以及第四章第四节关于韵律的相关内容）。

　　5）封闭性完形，封闭性是指各部分间彼此吸引，趋于形成一个封闭实体的完形理论。视知觉对不完满的图形具有填补缺口的趋向，使其具有完整性的倾向。人的视觉心理存在将图形整合为完整图形的趋势。这也是视觉差产生的原因之一，

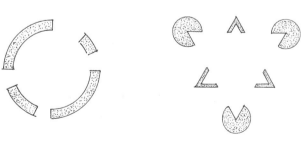

图 2-44　封闭性完形

会在后面一节进行详解。如图 2-44 所示两组图形虽然构成元素间并未彼此相连而形成封闭图形，但其元素的形状和排列方式使其具有形成完成封闭图形的趋势，因此可以从构图

中感觉到圆环与三角形的存在。

上述五种完形心理原则在同一个建筑构图中可能以组合的形式同时出现,建筑师进行设计时应尽量以一种原则为主,进行整体设计,而在细节上再同时考虑其他完形心理要素,做到主次分明,避免混淆。

而进行建筑形态分析时,也应将多种构图元素进行整合,将复杂元素形式加以简化、抽象,使复杂构图元素抽象为简单图形,提高形态的可读性,这也是完形心理学派提倡的两大原则:

1)整体原则:视知觉对所接受形象的认识不是其独立元素简单的相加,而是经过组织的具有整体性的"形象"。人们在观察事物时,通过视知觉系统接受并进行"整合"成为具有完整、统一的"形",而非对外部事物的个别成分进行单一的接受,然后再进行整理认识。比如"人体"是作为一个整体的个体存在,而非由各器官组成的综合体。

2)简化原则:格式塔心理学派认为,在视觉接受形象时,基本几何图形更易被视觉感知,因此应尽量将复杂形式简化(忽略与基本形式不相关的细部与装饰),将其归为基本几何图形(矩形、正方形、三角形、圆形),简化后的形式依然通过视知觉被组织成具有一定秩序性的整体。如图 2-45 所示的意大利米兰大教堂主立面,丰富的立面元素被简化成若干正三角形、矩形、切圆等几何图形,建筑整体则成为由基本几何图形构成的完整几何构图。

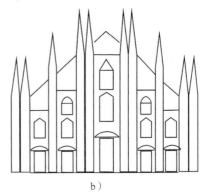

a) b)

图 2-45 意大利米兰大教堂
a)建筑正立面 b)正立面体形简化分析

整体原则与简化原则是一对互为因果的心理学完形原则,人心理上对形态的简化和整合过程也一气呵成。建筑师在进行创作时应抓住这一心理特征,创作过程应尽量由简及繁,由整体到部分。

除上述完形原则外,格式塔心理学派还提出了以下几个适用于建筑构图学的心理学原则:

1)直接经验原则:所谓的直接经验原则是指观察者通过视觉接受信息时,将个人的主观经验加入信息判断中,而导致其认为的形式同客观形式之间存在偏差。客观"形式"

被观察者认识后也能转化为直接经验，人的直观经验受自身生理、心理和周围环境的影响很大，所以很多"经验"并非正确，"视错觉"也由此产生，本节最后一部分会有详细讲解。

2）选择原则：德国著名的艺术评论家、哲学家阿恩海姆最先认识到视觉选择性的存在，并将其看作艺术领域里简化原则的一种具体的表现。人的视知觉作为一种积极的探索工具，对观察到的任何事物都具有高度的选择性，主动选择能更多吸引元素。视知觉的观看不等于审查，而是主动捕捉被观察事物的某一个或几个突出特征或其中与众不同的组成部分。正如同摄影，摄影师总会在其作品中刻意强调他认为最美的和最值得留下记忆的部分。人视觉心理对形体的选择是多样性的，如图 2-46 所示的一组建筑摄影作品，作者分别通过镜头展示建筑细部、结构、光影或者局部景观，这些细节都是摄影师主观上对镜头下建筑的"选择"。

a）　　　　　　　　　　　　b）　　　　　　　　　　　　c）

图 2-46　有选择性的建筑局部（吴小路、钱禹拍摄）

a）教堂钟楼顶　　b）宝安机场室内　　c）木心美术馆室外景观

3）建构原则：完形的组织具有建构性，这种建构受到主体与客体因素的制约。从客体来说，它们是构成主体的成分。并且，客体与客体之间的建构关系影响着视知觉的整体性的组织，客体与客体之间建构关系包括：时间关系、空间关系和意义关系。

4）创造原则：完形具有的创造性是视知觉所获得的意义相对于所接收对象本身客观意义而言的。这种意义可以是形式的意义：仿生建筑、具象建筑通过形式使人产生的联想；也可以是精神上的意义：纪念性建筑、宗教建筑都试图通过形式创造一种心灵上的崇高感。

建筑的象征性与意义可以来自建筑师的设计，例如柯布西耶设计的朗香教堂，他自己这样评价这个设计："朗香与场所连成一气，置身于场所之中。对场所的修辞，对场所说话。"

建筑的意义有时又不仅来自于设计本身，如图 2-47 所示的伊斯坦布尔圣索菲亚大教堂，巨大的穹顶，高耸的塔楼使置身其中

图 2-47　伊斯坦布尔圣索菲亚大教堂（吴小路拍摄）

的朝圣者体验到无比的庄重与敬畏，而如果再了解其历史过往，以及围绕它所发生故事，会使感情中增加一份沉重。

二、环境心理学

1. 定义

"环境对人行为的影响力，比大多数人想象中要强大得多，可是很少有人意识到这一点。"——美国心理学家菲利普·津巴多。

居所、学校、工厂、运动场分别给人提供了居住、学习、工作和活动的环境。作为人最早开发出来用于居住的场所山洞、巢穴等"建筑"本事就是自然环境的一部分，这些环境因为有了人的居住而变得温暖，有了人性。因此建筑与环境的关系密不可分，环境承载建筑，建筑构成环境，建筑环境也是人适应自然和改造自然的产物。

常怀生在其编著的《建筑环境心理学》一书中提出如下观点：建筑环境心理学是研究环境与人的心理之间相互作用的边缘性学科。环境心理学的研究对象非常宽泛，例如噪声、环境污染、拥挤、气候变化等对心理的影响。而建筑环境心理学则只针对建筑与建筑环境（内部环境、外部环境），因此建筑环境心理学可以看作是环境心理学的一部分。建筑环境心理可以从两个角度展开研究：

1）特定环境下，人心理与行为的关系。这一视角属于纯理论研究的范畴，研究人在不同环境中会发生的心理与行为的变化，以及变化规律，掌握关系规律能为建筑师创造环境提供依据。

2）为达到特定的心理状态，需要怎样的建筑与环境。这一视角站在设计学角度审视问题，认为建筑设计的实质就是"根据使用者的心理和行为需求创造相应的环境"。

2. 相关理论

（1）建筑环境知觉与认知　环境知觉是人从环境中获取信息，根据自己的过往经验，对环境产生主观感受的过程。建筑环境知觉则是建筑环境给人带来的感觉，这种感觉具有强烈的个人主观性，每个人的经历不同，经验也千差万别，因此，人们所知觉的环境信息与客观现实无法完全一致，环境知觉是一种反映独特思维、态度、观点及其需求的心理现象。

建筑环境认知也可以被称为"建筑空间认知"，建筑环境给人带来的认知随着人的年龄增长，以及阅历的积累也随之变化。例如，一个人在少年时期看到故宫仅能感觉到它的尺度所带来的震撼和红墙、金顶带来的视觉刺激，而随着年龄和阅历的增减到了中老年则能感觉到故宫的历史厚重感与民族自豪感。因此，认知过程不仅仅是环境信息的收集过程，更是进行信息分析与评判的过程，分析和评判的依据就是每个人的独特经验。

人对于环境的认知是由部分到整体的过程。以建筑感知为例，人们对于建筑的整体印象通常是模糊的，而且这种"第一眼印象"一般是对形式的总体感觉，而逐步通过对建筑的使用、图样分析和近距离的"触摸"，会对建筑的结构、材质、尺寸等环境要素有更为深刻的印象，从而形成更为准确的建筑环境分析和评判。

（2）建筑环境信息所具有的特征　不受时间与空间限定；任何信息的接收主要依赖感知主体的功能，环境信息并非只通过视觉感官传递，可通过多种感官方式接收（触觉、嗅觉，甚至味觉），但人类对于建筑环境信息的接收存在局限性，无法接收所有信息；环境信息决定行为；建筑环境具有美学意义；环境具有象征性质。

（3）建筑环境行为　人的主观行为由其自身需求所决定，而空间（环境）可以通过引导人需求的方式，达到改变人行为的效果。因此，环境、需求与行为是相辅相成的关系。

1）归属感：是佛洛姆（E·Fromm）理论中的术语，意指心理上的安全感、被接纳感与落实感。在建筑中体现在人到达一个场所感受到的安全感和稳定感。"回家"是这种感觉最集中的体现，也是"家"这个场所给予人的心理感受。在建筑设计中努力创造这样的氛围以达到人在建筑中的归属感是至关重要的。居住建筑就是"家"在建筑中的实体表现，为居住建筑创造归属感有其必然性，但作为一些公共建筑、甚至工业建筑，归属感的营造也至关重要。例如，办公建筑与工厂建筑的归属感可以使员工更愿意长久的待在办公地点而投入到工作中，从而达到提高工作效率的效果。而商业建筑的归属感可以使顾客更愿意进入并长期逗留，对商业盈利大有益处。因此，建筑设计中各类建筑环境中的归属感营造至关重要。

2）疏离感：与归属感相对的是疏离感。疏离感理论最早是在1959年由心理学家Seeman提出，他将疏离感划分为劳动疏离、无力感、社会孤立感、价值疏离、自我疏离和文化疏离六个感情维度。而建筑本身带给体验者的疏离感是多方面的，可以是对于建

图 2-48　监狱室内环境中的疏离感

筑本身的，对于其他人的，对于环境的。建筑环境中的疏离感并非全无用处，也不必完全回避，有时特定功能的建筑还需营造疏离感，例如军事建筑或者监狱建筑就需要疏离感、陌生感，甚至是压迫感，如图2-48所示。宗教建筑与皇宫则是给予阶层间或人与神之间的不平等感，由此衍生出的疏离感也是必要的。

3）亲近自然：人对于自然的亲近是与生俱来的，这种对自然的向往是由于人本身来自自然，从医学角度看，自然带来的清新空气和充足养分对人的生理与心理健康都非常重要。因此，人对于自然的亲近也是对自己健康的一种追求。目前国内外的规划与设计都把"回归自然心理"和"走向自然心理"这两个心理因素放在设计理念之首。建筑设计中的亲近自然直接体现在空间设计与空间构图中，具体的设计手法有：室内外空间的穿插，自然空间向室内空间的引入，屋顶花园的设置、虚化界面的设计等。例如由赖特设计的流水别墅就成功将建筑置于环境之中，营造出与环境良好的亲切感，如图2-49所

示是由澳大利亚建筑师 Jesse Bennett 为自己设计的使人别墅，该住宅运用室内外空间穿插、引入室外空间至室内和采用通透界面的方式，使建筑的室内外环境都达到与大自然的完美融合。同时，建筑立面设计与构图中同样不乏自然要素，立面的垂直绿化，生态表皮等已经成为建筑立面构图要素中的重要组成部分。

图 2-49　昆士兰雨林住宅

三、色彩心理学

学界对色彩心理学研究由来已久。色彩除作为一种视觉要素出现在设计中外，其对观察者的心理与生理都会产生一定的影响。

色彩通过对人体视觉的物理性刺激，再将视觉感觉传递给大脑，因此当人观察色彩时，受到色彩的视觉刺激而产生的对生活经验和熟悉的环境事物的联想，这就是人的色彩心理感觉。不同的人拥有不同的生理条件、生活环境与阅历，因此，相同的颜色给不同人群带来的心理感受也不尽相同，但其中也有普遍性与共性。色彩带给人不同的心理感受，这些心理感受也使人能感受到色彩的不同属性：色彩时间性、色彩的重量、色彩的冷暖、色彩的体量、色彩的方向。

1. 色彩与感觉

（1）色彩与时间感　色彩会使人对时间的认知发生错觉。研究表明：处在红色环境中，人会觉得时间比实际的长，而在蓝色或绿色的环境中会觉得时间比实际的短。其中一个实验，是让参与实验者分别进入四壁均为红色与四壁均为蓝色的封闭空间内，让其根据自己的判断，一个小时后离开，在红色空间内的实验人员在 40~50min 时离开，而在蓝色空间中的实验人员则 70~80min 后还未离开，由此证明不同色相的色彩对人时间感知的影响。通过这样的结论对室内设计中主体色调的选择提供依据。

（2）色彩与重量感　不同色相的颜色，使人感受到不同的重量（重量感差异）。例如相同体积的立方体，从感觉上黑色比蓝色的重，蓝色比黄色的重，黄色比白色的重。除色相对重量感的影响外，色彩的明度与纯度同样会对物体的重量感产生影响。 如图 2-50 所示的面积、形状完全相同的正方形从左至右明度依次降低，其中最右侧明度低的正方形要比明度高的显得重，这种重量感通常来自于人们日常对物体密度的经验，以木材为例，颜色较深的比颜色浅的密度大，即相同尺寸、体积的情况下重量大。

图 2-50　色彩明度产生的重量感

（3）色彩与冷暖感　冷色与暖色是色彩心理感觉中最常用也是最好理解的一种，根据颜色的色相进行划分，红色、粉色、橙色等是暖色，让人感觉温暖；而蓝色、绿色、紫色等被称为冷色。色彩的冷暖感同样由人的经验所决定，例如，红色的火是热的，蓝色的海水是凉的。冷暖色给人带来的感觉十分明显与直观，因此在建筑设计与艺术设计中最为常用的，严寒地区的室内装饰用暖色，而热带地区的室内装饰多运用冷色，通过色彩调节建筑使用者的"心理温度"。

（4）色彩与体量感　色彩不会使物体的真实体积发生变化，却会使物体给人带来膨胀或者收缩的感觉，即体量感随着色彩的变化而变化。通常情况下暖色的物体呈现出膨胀感，冷色的物体呈现出收缩感，这是人因热胀冷缩而形成的心理习惯。体量感的变化也是随着色彩色相、明度和纯度的变化而改变。

（5)色彩与动感　膨胀感与收缩感会使物体给人以前进或后退的方向感，暖色、纯度、明度高的颜色会使人感觉膨胀，会产生向前的动感；相反收缩感的色彩会使人产生后退的动感。动态的呈现是建筑设计中的重要手段，可以增加建筑的活力，尤其是配色过程中使用多种属性的色彩，增加颜色间"进""退"关系的变化，会进一步增强建筑的动感。

（6）色彩与明暗　明度是构图元素的自身属性，元素的色彩明度可以是固定不变的，但周围环境的对比可能使色彩给人带来不同的视觉感觉，如图 2-51 所示的两个色彩属性完全一致的黄色色块，在不同背景色的对比下呈现出色差，白色背景与黑色背景下的色块明度呈现出差异，产生这种视觉差异的原因是黑色与白色截然不同的明度属性所造成的。明度对比视觉差除与背景色的明度有关以外，还与对比色的面积比例和人观察时间的长短有关。颜色占背景色的比例越小，明度视觉差也明显。观察时间越长，明度对比错觉也越明显。

图 2-51　色彩明度对比错觉

2. 色彩的感情

不同色相的色彩会使人产生不同的联想，正因如此，人们认为色彩是拥有感情的。

（1）红色　考古发现红色是除黑色与白色以外人类最早使用的颜色之一，这与红色是自然界中最常见的颜色有关，自然界中的多种动植物都是红色。红色也是可见光谱中波长最长的，处于暖色区。纯粹、个性鲜明的红色是三原色之一，给予人视觉最强烈的刺激，在高饱和状态时象征着积极向上、热情、喜庆、激情、兴奋，在某些国家和地区也象征着恐怖与血腥。

除了上述的感情色彩外，中国传统文化赋予红色更多的含义。古时的红色有"丹""朱""绛"等称谓。红色在中国文化中始终代表着尊贵与至高无上。"炎帝火德，其色赤"，古时的"赤色"也是"红色"，红色象征着火，更代表生命力。据考证，中国古人是自周代开始将红色作为尊贵的象征而大面积用于建筑装饰中。《礼记》有记载："楹，天子丹，

图 2-52　北京故宫中的"中国红"

诸侯黝，大夫苍，士黈。"其中"丹"是红色，这段话的意思是：皇帝的宫殿柱子油漆用红色，诸侯用黑色，其他官员只能用土黄色。此后，"青琐丹楹"也成为重要建筑物的主要设色标准。汉高祖刘邦自称"赤帝之子"，既表示对先祖的尊重，也显示其尊贵的地位，汉高祖不仅喜欢"常年着绿衣赤帻"，而且还将宫殿的柱、门、窗等统一装饰朱红，该做法也一直沿袭到唐代。至此，红色成为历代中国封建统治者身份与地位的象征。在明北京皇城和紫禁城的建造中姚广孝不仅将宫殿装饰为红色，甚至将墙面也全部处理成红色，此种红色也被称为"中国红"（图 2-52）。

中国传统宗教文化中红色也占有重要地位，我国历代的佛教、道教建筑中也都广泛使用红色作为建筑的主色调。

（2）黄色（金黄色）　作为三原色之一的黄色是所有色彩中光感效果最佳的，因此现代社会各国通用的警示标志大多使用黄色。黄色具有广阔的象征意义，光明、纯真、智慧都与黄色有关。不同国家看待黄色的感情也有所差异。

中国传统文化中的黄色代表权利、神圣、高贵与威严。历史上黄色被视为皇家的颜色是从唐高宗时开始的，当时明文规定黄色是皇帝御用服装的颜色，其他任何人的服装均不能使用黄色，否则将以"蔑消之罪"论处。封建社会的"黄袍加身"就意味着登基称帝，因此黄色对封建统治者来说具有与众不同的政治意义。

由于金子的金色与黄色接近，因此很多国家也将黄色视为财富和华贵的象征。例如，自宋朝开始在建筑上采用的黄色琉璃瓦顶、亚历山大桥的人物雕塑、拿破仑墓的拱顶、巴黎歌剧院、卢浮宫等都是运用于建筑的金黄色装饰构件，如图 2-53 所示。

（3）蓝色 蓝色在各国文化中大多都是受欢迎的。在一些国家，蓝色是希望之色，可视为生命的开始与希望的象征。在以中国为代表的东方文化中蓝色同样象征着青春，才有"青出于蓝而胜于蓝"的比喻。也正因此蓝色有时会被看作不成熟的标志。

图 2-53　法国卢浮宫的室内金黄色装饰

在我国传统文化中虽然蓝色不如黄色与红色那样彰显至高无上的地位，但日常中对其使用频率却很高。在长期社会实践中，我们的祖先在不同历史时期和不同地区创造着属于蓝色的经典。例如，西南部少数民族地区的各民族将蓝色作为民族服装的主色调，国粹青花瓷也以蓝色为主色。蓝色在中国人的心目中就有了宁静、朴素、自然、典雅的含义。

纵观中国建筑史，蓝色在古今中国建筑中都占有一席之地，天坛祈年殿的蓝色琉璃，南京中山陵的屋顶也以蓝色为基调。不过中山陵的蓝色与祈年殿的蓝色琉璃从喻义上有很大区别，天坛的蓝象征着对天的崇敬之情，而中山陵的蓝寓意着永恒、博大、安宁。

在欧洲文化中蓝色隐含着信仰、神悉、纯洁和高贵的含义，构成主义抽象艺术大师康定斯基曾说过："黄色是典型的世俗颜色，而蓝色是典型的天觉颜色。"被视作欧洲文明起源的希腊因其三面环海的地域特点，希腊人的日常与海相伴，他们将海视作民族的起源，也因此特别钟爱"海的颜色"——蓝色，希腊许多岛屿的建筑中蓝色都是其主要色调，屋顶、门窗、栅栏都被粉刷成海蓝色，海洋蓝也因此被称为"希腊蓝"（图 2-54）。

图 2-54　希腊建筑中的"希腊蓝"（王明琦拍摄）

对于蓝色的使用，也由此产生了一些蓝色的城市，如印度焦特布尔（图 2-55a）。除焦特布尔外，在遥远的北非还有一座阿拉伯人定居的"蓝色之城"——摩洛哥的舍夫沙万（图 2-55b），整座城市的围墙、门、窗户、家庭用品，甚至街道被装饰为蓝色。同时，居民还将一些粉彩色的颜色，如粉红、粉绿等作为点缀，使色彩更显雅致。南美洲巴西萨瓦尔多城中的许多公共设施也都别具一格地被装饰成鲜艳的蓝色。这些城市都是将蓝色大面积运用于城市风貌的典范。

a）　　　　　　　　　　　　　　　　　　　　　　　　b）

图 2-55　世界上的"蓝色之城"

a）印度焦特布尔　b）摩洛哥舍夫沙万

　　通过上述对三原色（红、黄、蓝）的介绍可以看出，由于宗教与传统文化的区别，世界各地区人们对于各种颜色的感情存在差异，喜好也不尽相同。但是通常情况下，每种颜色对人心理与生理的影响情况却大致相同，通过文献整理将基本情况总结为表 2-1 和表 2-2。

表 2-1　颜色对生理和心理影响情况表

颜色	生理影响	心理影响
红色	可使人血压升高，肌肉紧张，充满能量	使人兴奋，给人温暖感，积极向上
橙色	与红色相似，但稍弱	增加紧张感
黄色	刺激视觉和神经系统，减少疲劳	增加紧张感
绿色	降低血压，扩张毛细血管，还可以持续提高肌肉的收缩能力	减轻精神压力，舒缓紧张情绪
天蓝色	降低血压和肌肉紧张度，舒缓呼吸频率	使人平静
蓝色	帮助控制新陈代谢	舒缓压力
紫色	融合了红色和蓝色的特性	融合了红色和蓝色的特性

表 2-2　色彩的感情效果与联想性

色彩	情绪感觉与联想概念
红	激情、热情、热烈、积极、喜悦、吉庆、革命、愤怒、焦灼
橙	活泼、欢喜、爽朗、温和、浪漫、成熟、丰收
黄	愉快、健康、明朗、轻快、希望、明快、光明、圣神、威严
黄绿	安慰、休息、青春、鲜嫩
绿	安静、新鲜、安全、和平、年轻
青绿	深远、平静、永远、凉爽、忧郁
青	沉静、冷静、冷漠、孤独、空旷
青紫	深奥、神秘、崇高、孤独
紫	庄严、不安、神秘、严肃、高贵、慈祥
白	纯洁、朴素、纯粹、清爽、冷酷
灰	平凡、中性、沉着、抑郁
黑	黑暗、肃穆、阴森、忧郁、严峻、不安、压迫

建筑构图中巧妙运用色彩心理学，将使设计抛开纯形式的构图方式，而更加贴近使用者的心理需求，建筑环境的归属感与疏离感很大程度上也由色彩心理学所影响。例如，幼儿园的使用人群主要是儿童，因此幼儿园建筑的立面与室内空间配色应尽量选用积极向上的、活泼、欢喜、爽朗、温和、健康的色彩搭配，为儿童创造富有惊喜的建筑空间。

四、视错觉

人视觉观察到的物体形态差异可以是客观存在的，也可能是由于视错觉产生的视觉差异。人对于建筑形态的认知大部分是通过视觉观察而得到的，因此视错觉就成为建筑构图以及形态构成中不可忽视的因素。

视错觉本身是无害的，运用得当甚至会成为一种设计手段，使建筑达到意想不到的设计效果，但是多次重复的视错觉会使视错觉进而成为"视幻觉"，视幻觉严重的话会产生病理性特征，可能会导致精神分离症和癫痫等精神疾病产生，因此对于视错觉的使用应当保证适度的原则。

1. 视错觉的定义

对于视错觉的定义方法有很多，其中生理学的观点认为视错觉是由于人眼结构以及人脑视觉分析系统的特殊性，使人观察物体时，视觉实际观察到的内容与主观认识之间产生偏差的现象。

心理学家则认为视错觉是由于人观察物体时基于"经验"或者不适宜的参考物而形成的错误判断和感知；是人们视觉捕捉到的不符合事实的知觉经验；是在特定条件下对客观事物产生的某种固定倾向的歪曲知觉。

结合以上两种观点，可以得到以下定义：当人观察事物时，因各种生理和心理原因而导致视觉上的偏差，这种视觉上与客观现实之间的偏差就是视错觉。

2. 视错觉产生的原因

视错觉产生的原因有很多种，可以分为内部因素与外部因素。

内部因素是指由人自身的生理和心理因素产生的视错觉。人视觉的产生是由眼识别观察物的属性（颜色、大小、形状等），再将信号传递给大脑进行判断，视错觉的产生是因为有时眼睛还没有完成对观察物的识别，大脑就已经做出了判断。

生理上：人眼无法正确识别观察物与其结构有关：瞳孔随着光线发生变化，眼睛肌肉及球体在观察不同的物体而发生变化，在视网膜上产生对观察物的成像误差。

心理上：与人生存环境、生活经验以及在此基础上形成的本能反应有关，在大脑神经中枢分析视神经传来的信息时，对观察物体在视网膜所成的图像信息产生心理性理解误差。

外部原因是指由于特殊环境导致的无法准确接收被观察物的信息。比如光的折射与反射、环境中的不当参照物、配色方式、线条的排列方式等。

当内部因素与外部因素只存在其一时，未必会产生视错觉。通常情况是当外部因素与内部因素同时发生时才会出现视错觉。

3. 建筑构图中的视错觉

视错觉种类很多，其中与建筑构图关系最紧密的有以下几种：线段长度错觉、面积大小错觉、图底视错觉、形态错位与扭曲错觉、完形错觉、残像错觉。其他复杂的视错觉在建筑构图中不常用到（例如矛盾空间等），在此不加以赘述。

（1）线段长度错觉 研究线与线长度之间的视错觉关系。长度相同的线段，由于位置或参照物的差别，使观察者感觉其长度存在区别。如图 2-56a 所示的两条相等长度的线段 AB 和 CD 相互垂直，因为垂直线段 AB 的端点 B 位于线段 CD 的中央，观察习惯会使人们用 AB 的总长度与 CD 的一半长度进行对比，因此觉得线段 AB 长于 CD，该例子是由线段间的位置关系而导致的视错觉，这是著名的"菲克错觉"。如图 2-56b 所示的两条平行线段的长度相等，在线段两端都加上箭头，上面的线段箭头方向向外，下面的线段箭头方向向内，此时观察两条线段，会感觉下面的线段长度长于上面的线段，产生这种错觉的原因在于其作为参照物的箭头的差别，方向向内的箭头使线段产生向外延伸的感觉，这就是著名的"莱尔错觉"。

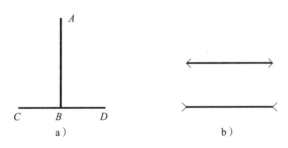

图 2-56 线段长度错觉
a）菲克错觉 b）莱尔错觉

"菲克错觉"和"莱尔错觉"运用于建筑设计中，成为控制建筑尺度感的有效手法，对于限高和建筑密度要求严格的基地，可以通过长度视错觉的手法增大建筑视觉尺度。例如，通过强化建筑立面的竖向划分，使建筑显得比实际高耸；而加强立面的横向划分或在横向划分的边界设置一定的限定会使建筑显得更加敦厚稳重。

（2）面积大小错觉 研究面与面之间关系带来的视错觉。面积大小视错觉也可由参照物的性质差异所形成，如图 2-57a 所示的"艾宾浩斯视错觉"中两个完全相同的圆形，因环绕它的参照物面积大小不同，使第一个圆感觉比第二个圆小。

当无其他参照物时，面积大小视错觉同样会出现，如图 2-57b 所示的面积完全相同的两个正方形，左侧的是边处在水平和垂直方向，右侧的是对角线处在水平与垂直方向上，其摆放方式的这种差别，在对比时，感觉右侧的正方形面积要大于左侧的，原因是人的视觉习惯在对比图形大小时会首先对比水平向与垂直向的长度，正方形的对角线大于边长，所以产生右侧正方形面积偏大的错觉。

图 2-57　面积大小错觉 1

a）艾宾浩斯视错觉　b）矩形摆放方式差异产生的视错觉

相对位置的差别也是产生面积大小视错觉的因素，如图 2-58a 所示的面积相等的两个梯形，沿水平方向并列放置时，视觉感觉与客观情况一致（面积相等），当如图 2-58b 所示改变两个梯形的相对位置，使之沿一条斜边的方向上下叠加，此时，处于上方的梯形感觉比下方的梯形大，产生错觉的原因是上面的梯形水平向右侧凸出，给人水平向略长的错觉。

图 2-58　面积大小错觉 2

a）水平并列摆放　b）上下沿斜边方向摆放

建筑设计中的平面与立面构图中都可以运用面积大小视错觉进行设计。例如，建筑立面上面积相同的菱形窗洞显得比正方形窗洞大，此时，在相同窗地比和相同室内进光量的前提下建筑立面上的窗墙比例关系发生变化。

（3）图底视错觉　本节第一部分关于完形心理学的相关内容中已经介绍过图底关系是完形心理学的基础理论，可分为"稳定图底关系"与"可逆性图底关系（互为图底关系）"，图底视错觉主要发生于可逆性图底关系，是在图与底相互转换时产生的视错觉。

图底关系也是形态构成中元素间关系的重要一种，尤其多用于立面与平面构成中，图底转换案例中最有名的"鲁宾之杯"是由丹麦心理学家鲁宾在 1920 年研究发现，如图 2-59a 所示，其中白色部分与黑色部分互为图底，当黑色部分做底时，图片中呈现出白色的杯子图案，当图底关系发生转换，白色部分成为底时，则图片中呈现出两张黑色的对视人脸图形。如图 2-59b 所示的《彼得与狼》的海报是运用这样的图底转换进行平面构图，如图中可以看到雪白地面形成的彼得的侧面人脸图形与深褐色的狼的身体图形互为图底关系。

a）　　　　　　　　b）

图 2-59　图底视错觉

a）鲁宾之杯　b）《彼得与狼》海报的图底视错觉

由以上两个例子可以看出，要形成图底视错觉（图底转换），构图需要具备如下条件：构图互为图底的两部分色彩上存在巨大反差，相近色之间无法形成这样的关系；构图中两部分间的界限可以同时形成两种不同的图形。

图底关系的视错觉通常运用于建筑与环境关系的营造中，建筑是环境的一部分，通常情况下在人的视觉感知中建筑是"图"、环境是"底"。但通过特定的构图手法，通过特定的角度会出现相反的效果。如图2-60所示，建筑与环境间形成互为图底的关系，当视线穿过两建筑之间由金属框架坡顶限定的空间所看到的湖景产生了锥体图画的效果。建筑设

图2-60　建筑与环境的图底视错觉

计中通过类似特殊的限定而产生图底错觉的方式还有很多，中国传统建筑中月亮门与园林景观之间也是这样图底交错的构图形式。

（4）形态错位与扭曲错觉　形态的错位和扭曲是因为构图中的其他形状对观察对象产生干扰，使之产生与实际情况不同的视觉效果。如图2-61a所示的"波根多夫错觉"：一根直线被一个矩形从中打断，此时给观察者的感觉是位于矩形两侧被打断的两部分并非处在同一直线上，而是发生了上下交错，且直线与水平向的角度越大，错位感越明显。

如图2-61b所示，两条平行线分别穿过集中于一点的放射线，此时原来的两条平行直线在放射线的作用下发生扭曲，形成弯曲感而不再平行。这种经典幻觉由19世纪初德国心理学家艾沃德·黑林首先发现，因此被命名为"黑灵错觉"。

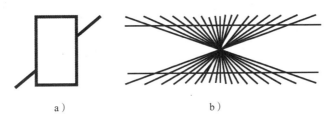

a）　　　　　　　　　　　b）

图2-61　错位与扭曲错觉
a）波根多夫错觉　b）黑灵错觉

"黑灵错觉"的原理可以运用于有特殊要求的室内空间设计中，例如室内运动空间中运动场处于空间中心，是视线交点，采用黑灵错觉的手法进行室内效果处理可以从视觉上拉高运动场上空的高度，产生良好的观看效果。

（5）完形错觉　根据本节第一部分关于完形心理学（格式塔心理学）的论述部分以及介绍关于完形的相关理论，完形错觉（闭合错觉）可看作其中整体原则和封闭性完形

的另一种论述方式。人的视觉习惯会将零碎的图形组合成自己认为熟悉的整体形态，如图 2-62 所示的天然石上的表面肌理，本身是一些天然形成、并不相干的纹理，但人视觉和心理感觉会不自觉地将其"联想"成国画中的山水画，并且这样的完形联想是在观察过程中逐步加深、明确的，正是因为中国山水是中国人所熟知的，且两者间具有相似性，如果是其他民族没有接触过中国国画的人则不会产生这样的完形联想。

合理运用完形错觉成为建筑构图中一种有益尝试，建筑形式本身是由各种建筑

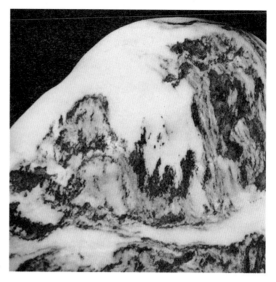

图 2-62　天然石表面图案

构件组合而成的整体，然而过于具象的组合会使建筑设计显得生硬而缺乏活力，而通过完形手法对建筑构图要素进行有目的拆解、重组，是进行建筑构图的有效手段。如图 2-63 所示为都市实践建筑设计有限公司设计的数字北京大厦。其建筑外立面整体采用封闭的实墙，墙体表面开若干纵向的折线玻璃窗，这些折线竖窗在墙面图底的映衬下组合成为完整的图形，对于熟悉物理和数字化技术的人很容易将其联想为"电路板"形式，这是针对建筑使用者的特殊的具象完形。

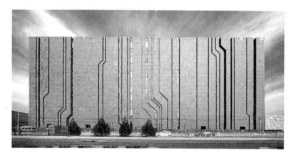

图 2-63　数字北京大厦建筑外立面设计

（6）残像错觉　人能看见物体是由于光线照射与物体表面形成反射光线投射到人眼视网膜上产生图像。人眼对物体残像映像具有短暂记录功能，这种现象称为"视觉残像"，也是残像错觉的成因。观察物体的时间越长，视觉残像的效果越明显。

视觉残像可以划分为正残像和负残像两种。正残像是停止观察物体后，物体原有的形态、色彩等信息停留在视网膜上。比如长时间看人造光源（灯泡）时，再将视线移到白墙上，人造光源的原形影像就会出现在眼前。负残像是眼睛在停止观察物体后，物体原有形态、色彩等信息在人的视网膜上呈现出负片的效果，仍然在视网膜停留一段时间。例如，在观察红色气球一段时间后，闭上眼睛，眼中就会出现一个绿色的气球。

第三章　形态与形态构成

第一节　形态

一、形态的概念

罗伯特·斯特恩说过："建筑应该用浅显易懂的形态语言和独特的声音来倾诉。"弗兰克·劳埃德·赖特认为："形态取决于实物本身的生长方式。"由此可见形态是实物的基本属性，决定人对实物的认知。创造形态是进行建筑设计的主要内容之一。

1.形状、形体、形式与形态的定义

形状、形体、形式与形态是在学习建筑设计的过程中经常遇到的名词，也是极易混淆的一组名词，甚至庞杂的各类文献中对其在建筑设计中的解释也存在差异。正确的认识相关名词的定义是进行建筑构图设计的关键。

（1）形状　第二章第一节中作为基本视觉要素对形状的定义已经做过阐述，形状是一个非常具体的几何学概念，表现物体具体的造型或表面轮廓。形状是人们通过视觉识别物体、给物体按照形来分类的主要依据。形状是构图视觉要素之一，只用以形容物体的表征，不涉及材质、体量、色彩等其他内容。

（2）形体　是三维空间中的实体，是指具有特定形状的实体。而体形则是表示体的形状。

（3）形式　根据《建筑：形式、空间和秩序》中的解释"形式较形状而言是一个相对综合性的名词，具有多重含义，它可以指能够辨认的外观，也可以指某物担当的角色或展示自身的一种特定状态。在艺术和设计中，常用这个词来表示一件作品的外形结构，即排列和协调某一整体中的各要素或各组成部分的手法，其目的在于形成一个条理分明的形象"。

建筑设计中的建筑形式是指内部结构、外部形状、材质材料等的外部表现，以及其结合为一整体的原则。形式是外在可见的，同时又是集合的方式。

（4）形态　在《建筑形态构成》一书中对形态的定义如下"形态是物体的功能属性、物理属性和社会属性都呈现出来的一种质的界定和势态表情，是在一定条件下实物的表现形式和组成关系，包括形状和情态两个方面。有形必有态，态依附于形，两者不可分离。形态的研究包括两个方面，一方面是指物形的识别性，另一方面是指人对物态的心理感受。因此，对实物形态的认识既有客观存在的一面，又有主观认识的一面；既有逻辑规律，又有约定俗成"。

2. 相互之间的关系

通过上述定义可以看出，形状、形体与形式都是通过视觉可以直接观察到的物体的外部特征。而形态除反映表现形式外，也涉及物体的属性（功能、物理、社会属性），甚至还包括情感因素。

因此形态的概念较形式更加宽泛，形状则是更为具有表象性质的形式要素。

形体则是形式、形态和形状的载体之一，在建筑中另一个形式、形态和形状的载体是空间。

其在建筑构图学中的相互关系如图 3-1 所示。具体的分类关系参看本书各章节的相关内容。

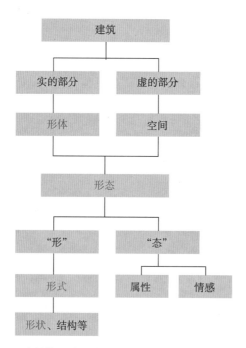

图 3-1　建筑构图中形态、形式、形状、形体之间的关系

二、形态分类

形态的分类方式有多种，最基本的分类方式有四种：按构成分类、按形式分类和按对象分类、按构成元素数量分类。

1. 按照构成分类

（1）自然形态　一切自然界中已有的，未经人为加工、处理和建造的形态，如图 3-2 所示的自然界中的物体，甚至地球的形态都属于自然形态。

（2）人造形态　原本在自然界中不存在，经人为制作、建造的形态，或者人为将自然界中的形态加以改造、处理后的形态类型。

2. 按形式分类

（1）具象形态 是自然界
中本已存在的，日常中常见的
物体（有机的、无机的）形态，
物体根据自然规律形成的形态，
或从自然界中提取出的具体的
几何形状，是一种可视的、可
触碰的、实体的、被广泛认知
的物体的形态。具象形态可以
是自然形态也可以是人造形态。

a) b)

图 3-2 自然界中的具象形态

a）自然界中水果的形态 b）地球的形态

如图 3-2a 所示的是自然界中各种水果的自身形态，以及由水果组成的复合形态。甚至人
们所生活的地球，以及天体中的各种星球都拥有各自的形态（图 3-2b）。具象形态可以
是自然形态，也可以是熟知的人造形态。

（2）意象形态 是由具象形态经过提炼、加工、变形而生成的一种概念性的形态，
虽然失去了具象形态的某些具体的常态形式，但却保留了形体的特征，使其具有明显的
可识别性。如图 3-3 所示是一组 2008 年北京奥运会运动项目图标，虽然与真实运动员使
用器械时的形态存在区别，但却抓住各项运动发生时运动员具有代表性的躯干状态特征，
以及运动器械的特征，因此易于理解和产生联想。

图 3-3 北京奥运会运动项目意象形态图标

（3）抽象形态 抽象是从众多事物中抽取出共同的、本质性的特征，而舍弃其非本
质特征的过程。抽象形态是通过概念与经验抽取出的纯粹形态，它一般不来自于自然，
大多是由人脑思考产生（图 3-4）。意象形态与抽象形态都属于人造形态。

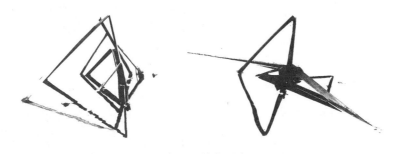

图 3-4 抽象形态

3. 按对象分类

形态按照其对象可分为物质形态与空间形态两类。如图 3-1 所示物质形态是具有"形体"的实物的形态。物质可以看作是质量的空间分布，物质与空间是对立统一的关系，缺一不可。以纸盒为例，纸盒的纸板部分是它的物质，纸板围合而成的可以存放东西的空的部分就是纸盒的空间。

（1）物质形态　如以上描述，物质具有质量，是实际存在、可视、可触摸的实体的存在（建筑构图学中只探讨现实层面的问题，精神方面的暂时不予考虑）。所以物质形态就是分布在空间中实际存在的拥有质量的实体的形态。

（2）空间形态　是指物质所处的，或由物质围合或限定的空的部分的形态。空间可以分为有限空间与无限空间，无限空间不具备可见形态，所以本章只探讨有限空间的形态，也就是围合或者半围合空间的形态，空间形态由围合与限定空间的物质的形状与位置素所决定。

4. 按构成元素数量分类

形态按照构成元素数量可分单一形态与复合形态两类。单一形态是指由一种元素构成的形态，例如一个几何图形和几何体。复合形态是指由两个以上元素组合而成的形态。建筑是一个复杂的形态组合体，其中包括了大量的建筑构件与建筑结构，因此不能按照传统方式进行简单划分，建筑形态通常按照组成其形态的大的体块数量将其划分为单一体块建筑与复合体块建筑两类：

（1）单一体块建筑　就是常说的单体建筑，只有一个体块的整体集中式建筑。

（2）复合体块建筑　简称复合建筑，由两个以上体块组合而成的复杂建筑形态。

三、建筑与空间形态

1. 建筑形态

远古时代的建筑与空间形态可以是人造形态或是自然形态，原始人的山洞穴居就是根据自然山洞所具有的遮风避雨的空间形态作为居住场所，现代建筑基本都是人造形态，远古建筑中的人造形态出现也很早，如图 3-5 所示，是距今已有 7000 千年的浙江余姚河姆渡原始居民搭建的草棚，是原始的人造居住建筑与空间形态。

图 3-5　河姆渡原始居民搭建的草棚

建筑形态可以是具象的、意向的或者抽象的。谈及具象的建筑形态会联想到近些年我国各地出现的一些存在争议的建筑，例如哈尔滨万达城展示中心，因其与冰壶完全一样的具象外形被称为"冰壶大楼"，还有河北燕郊北京天子大酒店的形态是完全按照"福禄寿三仙"的具象人形建造。虽然类似的建筑形态存在争议,但具象形态在设计中依然有重要的实用意义,例如雕塑,尤其是纪念性建筑中的人物雕塑,尽量真实地反映人物样貌、体态和比例。如图 3-6 所示,人物雕像在世界各国建筑中均被广泛使用。

图 3-6 世界各国建筑中的人物雕像(吴小路拍摄)

建筑设计中使用意象形态的范例有很多,如图 3-7 所示的国家体育馆"鸟巢"设计,体育馆的结构组件相互支撑,形成网格状构架,银灰色矿质般的钢网以透明的膜材料覆盖,外观形态像一个可容纳 10 万人的巨型"鸟巢"。国家体育馆从形态上并非完全照搬自然界中鸟巢形式,而是提取鸟巢特有的核心中空和编织肌理外皮,使人一眼看去有"鸟巢"的既视感。且自然界中的鸟巢是鸟类的住所,给予包裹、安全、遮风避雨的作用,因此不仅是"形"的意象,从"态"上也贴合国家体育馆想要给予观众的感受。

图 3-7 国家体育馆"鸟巢"

建筑设计的抽象形态,如图 3-8 所示的哈萨克斯坦新国家图书馆坐落在首都阿斯塔纳,面积约 3.3 万 m^2,获奖方案由 BIG 建筑师事务所设计。该设计灵感来自"莫比乌斯环",莫比乌斯环是两端相

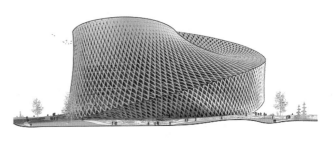

图 3-8 哈萨克斯坦阿斯塔纳国家图书馆获奖方案

连的"无限循环"环形曲线，其原型并非源自自然，而是 1858 年，由德国数学家莫比乌斯（Mobius，1790~1868）和约翰·李斯丁发现，他们将一根纸条扭转 180° 后，两头再连接使之成为一个连续环形。该设计抽取莫比乌斯环"连续曲线"、"无限循环"的本质，由此作为内部流线，组织围合成内部庭院。设计竞赛评委会对该方案的评价中提到："哈萨克斯坦新国家图书馆的设计将四个通用的空间原型与时间结合在一起，形成了一个新的国家象征：圆、环形建筑、拱与蒙古包以莫比乌斯环的形式融合为一体。圆的清晰度，建筑的庭院，拱形的通道和柔和的蒙古包剪影造型结合在一起，创建出一个兼具地方和国际性，既现代又永恒，既独特又具有建筑归属感的全新的国家纪念碑。"

2. 空间形态

空间形态同样可以分为具象、意向和抽象空间形态三种。

具象空间，如图 3-9 所示的法国 Abeilles 蜜蜂建筑是由建筑事务所 Atelierd 设计的一座为昆虫和人类提供庇护的木结构空间体系小型避难所。该设计灵感来源于蜂窝正六边形的排列方式，不仅在建筑形式上采用绝对的"蜂窝"式外观，建筑内部空间形态也与蜂窝的内部空间形态完全一致（每个"正六边体蜂房"形成一个独立空间）。部分六边形单元中填充特殊材质材料，作为蜜蜂居住的场所，其他剩下的六边形空间内没有填充，

图 3-9　法国 Abeilles 蜜蜂建筑

形成门窗洞，供人居住。住户可以听到蜜蜂的嗡嗡声，与之互动，也可透过六边形窗洞接触外界自然景色。室内设有便携式的桌椅，如果人数增多，还可以将桌椅收起，变成一个连续的大空间。通常所说的"流动空间"、"有机空间"等则属于意向和抽象空间形态。

第二节　形态构成元素

一、基本元素

点、线、面、体是构成形态的最基本元素，点是其他基本元素的出发点，线是点的移动轨迹，线在某一方向上的位移形成面，而形态的终极产物体则是由面的平移形成，或者由面围合而成。

根据上述定义可知"点"是构成所有形态基本元素的最基本单位，也就是说所有形态都可以看作是"点"的几何，因此组成元素的每个"点"的空间位置决定了元素尺寸

与形态：

1）空间中的点：几何学中认为空间中的点没有尺寸。

2）空间中的线：如图 3-10a 所示，空间中的直线只在一个方向有尺寸，空间中的平面拥有两个方向的尺寸。

3）空间中的面：如图 3-10 b 所示，在三维坐标系中 X、Z 轴上拥有尺寸的平面是水平平面，而在 X、Y 轴，Z、Y 轴上拥有尺寸的平面是垂直平面。面在坐标系上的尺寸决定面的形态（矩形、正方形、三角形等）。

4）空间中的体：如图 3-10 c 所示，在三个坐标轴上均有尺寸的形态元素是体。体在坐标系中各轴向的尺寸决定体的形态，例如各轴向尺寸都相等的形体是立方体或者球体。

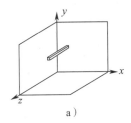 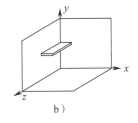 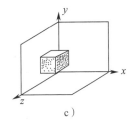

a）　　　　　　　　　b）　　　　　　　　　c）

图 3-10　空间的形态基本构成元素

a）线　b）面　c）体

　　建筑形态构成中的点、线、面、体都是相对概念，一座单体建筑可以看作一个体，但将其置于城市规划中就成为一个点。建筑上的窗具有平面的形状和面积，本身是一个面，但放在一个较大的建筑立面中就成为一个点。如图 3-11 所示的克罗地亚杜布罗夫尼克的城市红顶建筑在较远距离的鸟瞰中由体成为点。因此，建筑构图中的点、线、面、体的概念取决于它所处的范围，观察的角度与距离，以及参照物的大小。

图 3-11　克罗地亚杜布罗夫尼克城市鸟瞰图（吴小路拍摄）

点、线、面的合理组织形成建筑的立面与平面构图，同时又和体共同构成立体构图和空间构图。体的形式可分为"实体"与"虚空体"，在建筑中"实体"多指建筑的外观形状和构成建筑的各部分，而"虚空体"则用作对于空间的解读和控制，两者在建筑构图中缺一不可。

（1）建筑构图中的点　如上述内容介绍可知，在建筑构图中各个部分比例均较小的构成元素都可以被认为是点。点在建筑中主要有两种构图形式：规律性构图与非规律性构图。

1）规律性构图是指建筑构图中的点按照一定的序列呈几何形的构图方式，主要方式有：直线重复排列、直线韵律排列、曲线韵律排列、平面矩阵排列，环形排列。如图3-12a中所示的建筑外立面中的窗洞通过互相垂直与平行的直线形排列形成在建筑立面上的整齐矩阵，表达出强烈的秩序感。

a）　　　　　　　　　　　　b）

图3-12　建筑立面构图中点的排列方式（刘雨薇拍摄）
a）规律性点构图　b）非规律性点构图

由此可见规律性点构图需要满足以下几个条件：各个元素的自身形式相同；元素间的排列方式能成为完整的几何图形；元素之间具有一定的韵律关系（等差、等比、重复）。

2）点的非规律性构图是指建筑构图中的点元素自由且开放的排列方式，点与点之间并不能组成完整的几何图形。非规律性构图并不意味着绝对的随意和无序，各元素之间同样存着一定的韵律（等比、等差）或疏密关系。如图3-12b所示的建筑外立面窗洞形式存在多种尺寸和形式（甚至点与线元素的交错），其中的各点元素具有各自的比例与尺寸（形式差异），且元素的组合无法形成具体的几何图形，这样的非规律性构图显得自由且活泼，但仔细观察会发现其元素的组合具有一定的疏密关系。

（2）建筑构图中的线　线是建筑构图中的必要元素，它具有长度、连续性和方向性。线在建筑构图中的作用有很多，最主要的作用有：

1）塑造建筑的形式：城市天际线可以看作城市中建筑组合的轮廓形状，城市天际线已经成为反映城市面貌的一个标志。建筑的轮廓线形状也被看作建筑的形状，如君士坦丁凯旋门立面的矩形轮廓线和中国国家大剧院的半球形轮廓线都使人对建筑形象产生直观印象。

有些建筑物或者构筑物本身就呈现出线形，例如桥梁可以看作跨越江河的横线，而高耸的灯塔、烟囱等则是城市中垂直于地面的竖线。

2）对建筑进行划分：因为线的连续长度，使其成为最有效的划分工具，建筑立面、平面、形体、空间的分区（划分）一般都是由各种各样的线完成的。如图 3-12a 所示的建筑立面中每个点元素的窗洞都是由横向与竖向互相垂直的线划分形成的。国家大剧院的整个形体都由环形的线形自上而下进行划分。

3）建筑中的装饰元素：线的连续性使其可以轻松构成各种图形，建筑立面和平面构图中的大部分图形都是通过线完成的。如图 3-13 所示由贝聿铭设计的苏州博物馆室内外均采用白色墙面配深色线条勾边的装饰形式，十分符合中国传统建筑风格特点。如图 3-12b 所示的建筑立面上的线形长窗则是具有功能性的线形建筑立面构图元素。

图 3-13 苏州博物馆内部装饰中的线元素（孙曦梦拍摄）

4）表达情感和传递文化：第二章第一节关于形状的阐述中将线形划分为直线、曲线、折线、螺旋线、分段线。完形心理学（见本书第二章第二节相关内容）的直接经验原则表明，视觉接收到的信息会根据经验让人产生联想，平行直线和垂直线在人们的生活中往往呈现出秩序和整齐，因此直线会使人们联想准确的方向和拉伸感；曲线是球形的轮廓线，因此看到曲线会使人们感觉圆润、光滑；而锐角折线则给人锋利的感觉。

建筑中的某些轮廓线则具有清晰地象征意义，这些建筑中的线形也成为文化的特定符号。例如俄罗斯东正教堂的"洋葱头"式的穹顶、古罗马半圆穹顶、哥特式教堂的尖券以及穆斯林建筑的弓形、钟乳形拱券的轮廓线形都具有清晰的识别性。

建筑构图中的直线关系主要有平行线和相交线两类。平行线之间彼此产生距离，易于形成亲切、平静的气氛。相交线分为垂直相交线和交叉线两种，区别在于相交线的夹角是否为 90°。垂直相交线构成矩形或者正方形，在建筑构图中呈现出明显的秩序感。如图 3-14 所示，由格鲁吉亚建筑师 leqso tsiskarishvili

图 3-14 格鲁吉亚独立住宅

设计的独立住宅，其建筑立面中的大部分都采用垂直与平行的线形关系，车库与出入口旁的局部立面部分采用直线斜向交叉的构图方式，构图中创造线形间的对比关系。

建筑构图中的曲线是比直线富有动感和节奏感的线形构图元素。可以分为几何曲线和自由曲线两类。几何曲线包括圆形、椭圆形、抛物线、双曲线、螺旋线、S 形曲线和正弦曲线等，这些曲线都遵循几何学规律。相较于直线，自由曲线则更加自由、流畅和充满动感，在场地、景观设计和雕塑中运用广泛。古典建筑构图中的曲线主要体现在各种拱、雕花、穹顶的设计中，也都是遵循一定比例的几何曲线。随着流动空间、有机表皮和参数化设计的兴起，当代建筑设计中的曲线应用越来越多，立面、平面、形体、空间中都能见到各种曲线的构成关系。如图 3-15 所示是由圣地亚哥·卡拉特拉瓦（Santiago Calatrava）设计的新列日市居尔曼火车站，其建筑形体、构件与空间中的主体线形均为各种曲线，整座建筑圆满、稳定，且动感十足。

图 3-15　新列日市居尔曼火车站

（3）建筑构图中的面　分为平面（二维）、曲面和折面（三维）。面的形式构成方式主要包括分割、弯折和组合。建筑空间的界面、建筑的立面、平面、表皮都是面，或由面元素构成。

面的分割是通过线元素完成的，线的属性（长短、形状）和在面上位置都决定了被分割面的形式，具体的分割手法包括：等量分割、比例分割、自由分割等。分割只会改变原有面元素的形状和尺寸，而弯折和组合有可能将二维的面变成三维的体。

1）建筑中的平面分为水平面和垂直面，建筑中的地面和顶面设计中使用水平面构图元素，立面设计中运用垂直面构图元素。折面是由一个平面通过一定角度的弯折或两个以上平面有角度的组合而成的三维面元素。

2）建筑中的曲面是空间三维形态，分为回转面、非回转面和自由曲面三类。

回转面可以分为直回转面和曲回转面。前面关于面的定义解释了线的移动形成面，这条移动的线被称为"母线"，回转面是母线沿着一条轴线旋转所形成的曲面。当母线是直线时，形成直回转面，如图 3-16 所示是由荷兰建筑师马克·海尔莫设计的广州电视塔，其横切面的直径呈现上下宽中间窄的形式，这样的形式正是通过非垂直

图 3-16　直回转面实例：广州电视塔

直线沿中轴的旋转而形成的直回转面。圆柱体、圆锥体的曲面都是直回转面。当母线是曲线时形成曲回转面。例如圆球表面可看作其一半周长线沿着过两端点的直径旋转360°形成的闭合的曲回转面。曲回转面还包括抛物线回转面、双曲线回转面和椭圆回转面等。

曲线母线沿直线或曲线方向移动所形成的面称为非回转面。因此非回转面可以分为两类：沿直线方向移动形成的非回转面和沿曲线方向移动形成的非回转面。如图3-17所示是由路易斯·康设计的金贝尔美术馆，其整体外形是由一组轮转曲线拱组合而成，

图 3-17 沿直线方向移动的曲面实例：金贝尔美术馆

每个拱可看作由一个轮转曲线沿直线方向平移生成。

沿曲线方向移动形成的非回转面的移动方向是固定形式的曲线方向，例如抛物线方向，螺旋线方向等。

自由曲面的母线可以是直线也可以是曲线，其自由主要体现在移动方向的自由性，自由并不代表随意，建筑自由曲面中曲线的移动方向决定了建筑形态，表现出建筑师的设计意图。

（4）建筑构图中的体 可以分为实体或者虚空体两类，实体通常作为建筑装饰构件或建筑结构，虚空体则是包括建筑围护体系及其所围合而成的空间形态。

决定虚空体形态的基本要素有以下两方面：

1）构成形体的面的形状（平面形状或曲面形状）。

2）构成形体的面的尺寸。

如图3-18所示虚空体按照其形态的组成方式可以分为以下几类：

1）由互相平行与互相垂直的平面围合而成的形体，例如，长方体和正方体。

2）由相交平面组成，但相交线互相不垂直的形体，例如，锥体、多面体。

3）由一个面绕一条固定轴旋转生成的主面为曲面的形体，例如，球体、圆锥体、圆柱体。

4）由平面和曲面共同组成的复杂不规则形体。

上述列举的四类体形，从简单的立方体到复杂不规则形体，因其构成面形状和尺寸的差异使其构成无数种形态各异的体。这些体自身或者通过相互组合的方式构成各种可供选择的建筑形态。

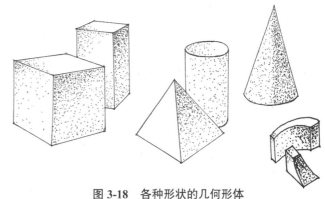

图 3-18 各种形状的几何形体

现代建筑构图中最常使用最频繁的形体是平行六面体（长方体与正方体），其原因有以下几方面：

1）平行六面体的所有面和边都互相平行且垂直，便于进行多个形体间的相互组合与拼接。

2）平行六面体组合成的围合空间形式规整，贴近人生活习惯。

3）面与边的相互关系更加符合常见的墙体与屋面结构体系。

4）形态的对称与均衡性，以及其比例关系更加符合人的审美习惯。

二、形态的位置与位置关系

形态构成中需要了解形态与形态构成元素的视觉要素（见第二章第一节第一部分的相关内容）、几何学要素（见第二章第一节第二部分的相关内容），同时形态的位置与位置关系也是决定形态构成的重要因素。

形态的位置是指形态在所处空间中的位置，空间位置有水平方向的位置（平面位置）、垂直方向的位置和三维空间中的位置。通过形态上各点在空间坐标轴 X、Y、Z 的坐标可以确定形态的位置。

如图 3-19 所示，形体在空间中的位置与其在各平面内投影的坐标：

1）X 轴与 Z 轴所构成平面中的坐标。

2）X 轴与 Y 轴所构成平面中的坐标。

3）Y 轴与 Z 轴所构成平面中的坐标。

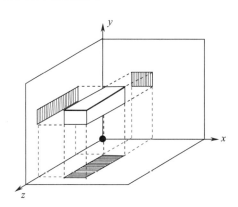

图 3-19　形体在三维空间中的位置

通过确定形态本身与轴向平面投影间的距离和形态表面各点在坐标系中的坐标值可确定形态的"绝对空间位置"。

一个形态只存在绝对空间位置，而两个或两个以上形态之间就存在相对空间位置，也就是形态的位置关系。形态构成与建筑构图学中形态的位置关系通常等同于形态的组合方式或构成原则，因此至关重要。

建筑构图学中形态的相对空间位置包括建筑与建筑之间的位置关系，建筑与人之间的位置关系，建筑与环境的位置关系以及建筑与交通的位置关系。如图 3-20 所示郑州郑东新区 CBD 中各种位置关系形成的规划效果。

图 3-20　郑州郑东新区 CBD 鸟瞰图

第四章　建筑构图基本方法

第一节　比例

一、定义

柏拉图认为比例是"将事物联系在一起的纽带"。他认为世间万物都具有自身的比例，所有事物给人的第一眼印象来自于比例（图4-1）。

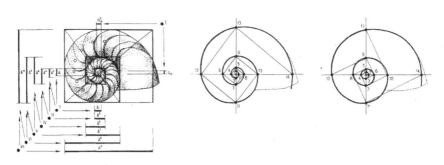

图 4-1　鹦鹉螺中隐含的比例关系

西方国家对比例的认识和应用开始极早。随着毕达哥拉斯的数学体系与欧几里德（受柏拉图影响）几何学体系的建立，在公元前 1000 年左右在古希腊、古罗马时期已经正式开始以人体比例作为标准和参考进行建筑设计。圣·奥古斯丁认为："美是各部分的适当比例，再加上一种悦目的颜色"。维特鲁威在其所著的《建筑十书》中同样阐述了建筑之美源于比例，并将建筑的理论定义为"证明和说明建筑物的比例与规则的能力"。17 世纪法国建筑家法兰梭亚·布龙台称："建筑上整体的美来自绝对的、简单的可以认为的数学上的比例"。柯布西耶则将比例定义为"是出于给世界以秩序这样一个理由"。

在中国的建筑历史长河中，比例也为建筑设计和营造技法的发展做出了突出贡献。其中最值得一提的是我国以"天圆地方"为建筑哲学衍生出的两个比例：$\sqrt{2}:1$（"方地"外接"圆天"直径比"方地"边长）与 $1:1$（"方地"边长之比）。中国传统建筑（尤其是唐宋木建筑）中经常运用这两个比例关系，而且这两个比例与古罗马时期维特鲁威从"完美人"中所提取的比例惊人一致，可以说是中西方建筑发展史在比例上的一次不谋而合。

1. 建筑比例的定义

威奥利特·勒·杜克（Viollet·le·Duc）所著的《法国建筑通用词典》一书中给出

比例的定义："比例的意思是整体与局部间存在着的关系——是合乎逻辑的、必要的关系，同时比例还具有满足理智和眼睛要求的特性"。俄罗斯《建筑构图概论》中给出的定义是："所谓比例，是指局部本身和整体之间匀称的关系"。根据不同国家建筑理论家的研究结果可以总结出：比例是建筑的自身属性，研究建筑构成中局部与整体的相互关系，且这种关系通常是数理关系，例如倍数、基数或者函数等。

（1）比率与比例　比率（Ratio）是与比例定义十分接近的、以数值方式衡量各种量之间关系的数学概念。比率反映各"量值"之间的倍数关系，是量度之间的乘、除法运算，例如，存在一个非零常数 k，使 $y=kx$，则 k 为变量 y 与变量 x 之间的比率。所谓比例，只有当相对应的两组"量"之间（组是指包含两个以上的"量"）存在着一个恒常的比率时，才能称这两个组相互之间是成比例的。简而言之，因为比率的存在才出现比例，比例在添加一个新比率的同时，又让原来已有的比率得以反复地出现。比例协调是由"同一种比率有规律的重现"所引致的优雅性。

（2）尺寸与比例　尺寸与比例这两个概念自古就有，古代的尺寸是一个较为模糊的概念，其含义与尺度比较接近，古时通过与人身体各部分（最熟悉的尺寸概念）做比较来认识自然界中的长度、广度。例如手臂（一肘）、手掌、脚掌（一拃）的长度、每走一步的距离等。这些身体单位在被大家都承认后，就成为约定的"数字单位"，用来计数。

各国也有其各自的对尺寸的度量单位，例如，英制的"尺、寸"，我国传统的"尺、寸"，俄罗斯长度单位"维尔勺克、阿尔申"。尺寸的国际度量单位最早源于法国。第一届国际度量衡代表会议（1889 年）认定米为原制，1m 的长度为地球子午线长度的四千万分之一；第十一届国际度量衡会议（1960 年）又将 1m 的长度定义为"真空中氪 86 原子从能量 2P1O 至 5D5 跳跃时辐射线波长的 1650763.73 倍"；第十七届国际度量衡会议（1983 年）为使各国更加方便复制标准长度，将 1m 的长度定为"米是光在真空中于 1.299792458s 的时间间隔内所行进的行程的长度"。作为国际度量单位米的这三个定义是十分难以理解的，对日常生活中人们对于形态的认知最常使用的还是通过比较获得的，也就是说通常更多的是通过比例来认识建筑。

得出结论：尺寸表示具体的数量，而非关系。现在的尺寸是用特定单位表示长度的数值，而比例则代表数值之间的关系，尺寸之间的关系就是比例。

2. 比例在建筑设计中的作用

比例存在于建筑设计中的各个方面，平立面构图关系、整体尺度控制、结构选型、功能组合等方面都能发现运用比例控制的手法。比例在建筑设计中作用有以下几方面：

1）比例是重要的构图原则，是指导建筑设计中整体及组成部分间关系的方法。决定建筑整体及各部分尺寸的因素有很多：场地尺寸、建筑规范、通风采光要求、功能需求等，建筑比例也是其中的一个重要因素，例如建筑的窗地比决定了建筑门窗的尺寸。

2）比例确定建筑构件的模数。建筑构件的工厂化、模数化大大提高生产与建造效率，降低成本，装配式建筑正成为一种趋势。各种标准化梁、柱、砌块、门窗甚至整个房间与楼梯的统一化、标准化都离不开比例理论的指导。

3）使建筑形体更加符合人的视觉习惯，提高建筑的形式美。

4）简化建筑设计中繁琐的装饰。建筑设计中的美学要素繁多，当建筑师掌握了运用比例处理形态关系，就掌握了建筑美学的"金钥匙"，无需利用繁琐的装饰也能创造出美好的建筑形式。

二、建筑中的比例与辅助线

英国建筑理论家理查德·帕多万在其著作《比例——科学·哲学·建筑》中指出："对建筑而言，比例理论很重要，并且会一直如此，主要原因在于，比例理论使得我们的建筑物体现出一种数学规范，这种规范是我们从自然提取的或加之于自然的。"

比例的相关理论可以运用至生活中的各个方面，尤其是在各类艺术创作中，更是随处可见各种比例关系。建筑艺术被誉为艺术之首，设计中更是将比例的作用发挥到极致。

合理的建筑比例可以带给建筑特有的秩序与构图之美，但建筑比例通常隐含在建筑设计之中，无法通过人眼视觉直接捕捉。因此建筑设计中的比例设定就需要辅助线的协助。

勒·柯布西耶在《走向新建筑》一书中做了如下阐述："辅助线是建筑的一种必然元素，对次序也是必要的，辅助线是避免任意性的一种保证。它可以使人很好地理解设计。这种辅助线是实现目标的一种方法，而不是一种诀窍处方。辅助线的选择及其他的表达形式是建筑创作的一个整体部分。"

柯布西耶对于建筑几何构图，以及数学理论在建筑中设计中的运用有着超凡的兴趣，《走向新建筑》一书中对他的相关研究有大量记载。这本书中，他探讨了如何通过设定各种辅助线创造建筑的构图次序与形式美。辅助线是建筑设计虚拟线，用以构建和表达建筑各组成部分间的关系与尺寸。

曾有人质疑柯布西耶："你用你那辅助线扼杀想象力，你制造了一个开处方的神"。他在自己的专著中回应道："历史给我们留下了证据，那些有图例的文献资料、亚麻布、石器、雕刻过的石头、羊皮纸文稿、手稿、印刷物……甚至最原始的建筑师创造了用手、脚、前臂作为测量的控制单位，以便使这项工作系统化和次序化。同时，这种结构的比例符合人的比例。"柯布西耶将辅助线看作建筑设计中"灵感的决定性因素之一"，也是"重要的操作环节之一"。

1. 古典建筑中的各种比例及隐含辅助线

（1）帕提农神庙中的各种比例　古希腊建筑及建筑群的形式和艺术价值影响欧洲、乃至世界建筑史两千年之久，长久以来建筑界都将古希腊建筑看作欧洲建筑艺术的摇篮。在古希腊辉煌的建筑史中帕提农神庙无疑是其中最为璀璨的明珠。帕提农神庙坐落于希腊首都雅典的阿卡提半岛，兴建于古希腊政治经济最繁荣的古典时期。被誉为世界七大奇迹之一。

帕提农神庙基面长 96.54m，宽 30.9m，有 3 级台阶，庙宇东西长 70m，南北宽 31m，四周由雄伟挺拔的多立克柱式形成围廊。神庙正立面打破传统 6 根列柱的惯例，采用 8 根柱。两侧立面各 17 根柱，柱高均为 10.43m，多立克柱底直径 1.9m，向上递减至 1.3m，中部微微鼓出，彰显阳刚之美。

帕提农神庙的正面符合多重黄金分割矩形（相关概念参见第二章第二节关于黄金分割的相关论述）。如图 4-2a 所示，二次黄金分割矩形构成楣梁、中楣和山形墙的高度，二次黄金分割中的正方形确立了台基与柱的高度，最大黄金分割矩形中的正方形确定了山形墙的高，图中最小的黄金分割矩形决定了中楣和楣梁的位置。同时，如图 4-2b 所示，神庙正立面还满足多种动态黄金分割矩形的与正方形的划分和组合方式。

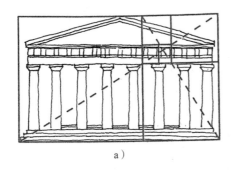 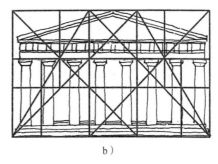

a ）　　　　　　　　　　　　　　b ）

图 4-2　帕提农神庙立面中的黄金分割

a ）黄金分割矩形的基本构图方式　b ）立面中的多种动态黄金分割矩形

帕提农神庙的立面构图中不仅隐含着黄金矩形的组合关系，还同时符合维奥莱·勒·迪克发现的埃及等腰三角形的比例关系。如图 4-3 所示当等腰三角形的顶角顶点与神庙立面三角墙的顶角顶点重合时，等腰三角形的两个底角顶点恰巧位与平台地面的顶点重合（参见第二章第二节中关于埃及三角形的相关论述）。且神庙立面上第三与第六根柱的中线将等腰三角形的底边四等分。

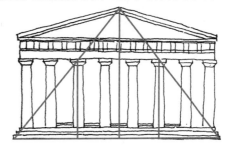

图 4-3　帕提农神庙立面中的埃及等腰三角形

第二章中关于几何学要素的阐述中介绍了各种根号矩形的比例关系，其中 $\sqrt{5}$ 矩形是与正方形和黄金分割矩形关系最为密切的，帕提农神庙的构图中也有很多与 $\sqrt{5}$ 相关的比例关系，尤其是建筑构件与整体之间的关系。如图 4-4 所示，立面中多立克柱与立面宽度的关系符合如下比例：$H_1 : L_1 = H_2 : L_2 = 1 : (\sqrt{5} + 1)$，

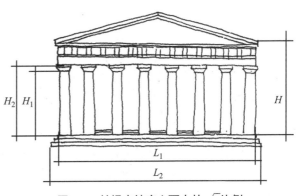

图 4-4　帕提农神庙立面中的 $\sqrt{5}$ 比例

$H : L_1 = 1 : \sqrt{5}$。神庙的平面中同样蕴含着这种比例关系，神庙主体平面的开间与进深比满足 $1 : \sqrt{5}$，且内部空间前后两部分的进深比例同样满足 $1 : \sqrt{5}$ 的比例关系。

（2）帕拉迪奥别墅中的比例　安德烈·帕拉迪奥（Andrea Palladio，1508~1580 年）出生于意大利一个富裕家庭，没有接受过大学教育，从 13 岁起来开始作石匠，直到 30 岁受建筑师特里辛诺伯爵雇佣开始接触正式建筑设计。特里辛诺伯爵对其影响巨大，不仅对他保护、培养，还为其起了一个具有意大利古典主义色彩的名字帕拉迪奥。随后他接触到数学家西尔维奥·贝利，受其数学理论的影响，开始研究数学与建筑比例。帕拉迪奥被认为是历史上第一位真正意义上的建筑师，他的设计作品很多，主要以邸宅和别墅为主，最著名的为位于维琴察的圆厅别墅（图 4-5）（1550~1551），他同时也是一位建筑理论家，著有《建筑四书》（1570）。其建筑设计和著作的影响在 18 世纪达到顶峰，形成了所谓的"帕拉迪奥主义"。

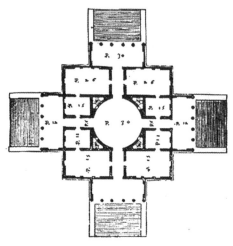

图 4-5　圆厅别墅立面与平面

帕拉迪奥认为建筑的高度应当是其平面长度与宽度的等差中项或者调和中项，例如，宽：高：长 =6：8：12 或 6：9：12（见第二章第一节关于几何要素的相关论述）。对于建筑平面中的房间形状他倾向于使用标准的几何图形：圆形、正方形、$\sqrt{2}$ 矩形、边长比 3：4 矩形、边长比 2：3 矩形、边长比 3：5 矩形和两倍正方形（图 4-6）。圆厅别墅中平面布局中各空间均是这几种比例图形的组合（图 4-5）。

图 4-6　帕拉迪奥设计中的房间平面形式

（3）中国传统建筑中的比例　中国传统建筑中同样蕴含着各种数字与比例关系，而这些数字通常与中国传统哲学思想有着必然的联系，而这些数字关系又与西方建筑中遵循的比例关系不谋而合。

在中国传统哲学理论中，"九"和"五"这两个数字有着特殊的含义，中国的古代帝王被称为"九五之尊"，是王权的象征。以皇权的象征故宫为例，故宫中有九龙壁、九龙椅、81 门钉（纵横各九个）、大屋顶五条脊、屋脊上的兽饰九个、九级台阶、皇帝用房均是阔九间、纵深五间，故宫中各处均隐含着"九五"之意。

而 9：5 也成为故宫建筑群中最常见的比例关系。明代奉天殿面阔九间，进深五间，二者比例是 9：5；太和殿、中和殿、保和殿共处台基南北、东西长度分别为 232m 和 130m，比例大约为 9：5；天安门东西面阔九楹，南北进深五间，二者比例同样为 9：5。

故宫整体规划中的很多尺寸比例与黄金分割率也惊人相似。紫禁城沿一条中轴线严格对称，建筑与院落按照中轴线的对称关系均匀分布，中轴线上大明门到景山的距离是 2500m，大明门到太和殿庭院正中的距离 1505.5m，两者间的比例关系为：1.66：1，接近黄金分割率。局部庭院的比例关系同样存在黄金分割率，例如，太和门庭院进深与

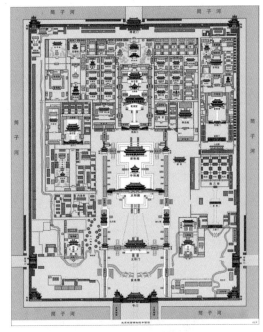

图 4-7 故宫平面图

开间尺寸分别为 130m 和 200m，比值接近 0.65：1，与黄金分割比非常相近（图 4-7）。

2. 现代建筑中的比例关系运用

现代建筑设计力图去除多余的、繁琐的表面装饰，努力探寻建筑形体的本质美，因此建筑构图形状比例关系所体现出的美感就成为重要的设计手段。很多优秀的现代建筑作品无论平面、立面还是剖面中都蕴含着各种隐含的比例美。

欧洲现代建筑大师同样善于运用各种比例关系进行建筑设计创作。崇尚"少即是多"的密斯·凡德罗始终认为建筑应当回归实用的本质，摈弃繁冗的装饰，通过简单的几何之美体现建筑的现代美感。因此建筑的几何学比例关系就成为他常用的设计手法。

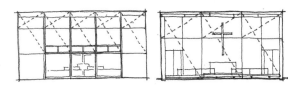

密斯在伊利诺伊理工大学建筑学院任院长长达 20 年，他设计了整个校区及其中的许多建筑。伊利诺伊理工大学礼拜堂设计建造与 1949~1952 年，是密斯诸多设计中规模较小的一座，但却是将黄金分割运用最彻底的一个，该建筑的平面与立面均是依照规整的黄金分割矩形（1：1.618）设计。

如图 4-8 所示，建筑立面开窗与

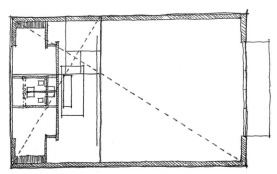

图 4-8 伊利诺伊理工大学礼拜堂平立面
黄金分割构图形式

墙面可划分为多种黄金矩形与正方形的组合关系：可以整齐地分割为 5 个竖向黄金矩形与 5 个正方形的组合关系，或 5 个横向黄金矩形与 10 个正方形的组合关系。

室内礼拜区的圣坛整体立面可以竖向划分为 3 个黄金矩形，或横向分割为 3 个黄金矩形与 3 个正方形的组合关系。

礼拜堂平面轮廓完全符合黄金分割矩形。黄金分割矩形内部的最大正方形用作会众做礼拜时的活动区域，而与正方形相对的二次分割黄金分割矩形同时容纳圣坛、服务用房和储藏室。这两个区域是用垂幕与栏杆进行柔性划分。

柯布西耶设计的马赛公寓在其两个立面中均隐含着正方形和黄金矩形的构图比例关系。如图 4-9a 所示其正立面是一个自左向右由一个正方形与一个由正方形构成的黄金矩形横向拼合而成的矩形。如图 4-9b 所示其侧立面则是由矩形构成的黄金矩形与正方形一半形成的矩形上下叠加而形成的矩形。

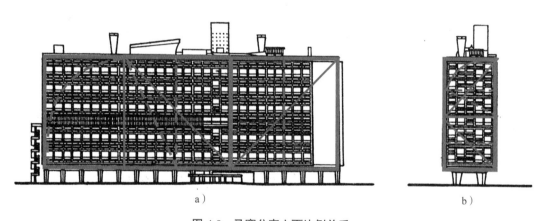

图 4-9　马赛公寓立面比例关系

a）正立面中的比例关系　b）侧立面中比例关系

根据上述实例得出结论：

1）建筑设计中进行平、立面设计时，在遵循基地条件、环境需求、地域风貌和设计规范允许的条件下，构图应尽量选择具有几何学原理的比例关系进行构图设计，这些原理符合艺术审美要求，且为平面划分提供数理依据。

2）建筑构图中的比例控制并非比例图形的简单拼凑，而是依据建筑条件和设计概念进行形态变形和组织的设计过程（例如连接、叠加、消减、扭曲等手段）。

三、建筑中的人体比例与尺寸

人体尺寸是指人身体中整体与各部分的测量尺寸，例如身高、肩宽、四肢尺寸、头围等。人体比例是指人体各部分尺寸测量值之间的相互关系（比值），因此明晰的人体尺寸是确定人体比例的基础。"建筑中的人体比例"则是指建筑中运用与人体比例相近的比例关系进行设计。因此，关于人体与建筑涉及两方面内容：静态人体尺寸与动态人体尺寸。建筑史上的任何阶段都能探寻到人体尺寸与人体比例的踪迹，中西方古代建筑中至今保存较完整的宗教、皇家建筑中追求磅礴气势，多运用人体比例关系，而与人生活息息相关的居民建筑中则随处可见符合需求的人体尺寸。

1. 西方古典建筑中的人体比例

西方建筑史中最早出现建筑以人体比例作为标准和参考可以追溯至古希腊、古罗马时期。首先由于对几何学认识的加强和几何学体系的建立；其次是因为其宗教信仰认为人体是神根据自己的身体创造出来的，拥有最完美的比例关系，因此在这一时期的雕塑中也努力表达人体美。

维特鲁威的《建筑十书》中对此有大量描写，其中关于人体比例描述如下："大自然是按下述方式构造人体的，面部从颏到额顶和发际应为身体总高度的十分之一，手掌从腕到中指尖也是如此；头部从颏到头顶为八分之一；从胸部顶端到发际包括颈部下端为六分之一；从胸部的中部到头顶为四分之一。面部本身，颏底至鼻子最下端是整个脸长的三分之一，从鼻下端至双眉之间的中点是另一个三分之一，从这一点至额头发际也是三分之一。足是身高的六分之一，前臂为四分之一，胸部也是四分之一。其他肢体又有各自相应的比例，这些比例为古代著名画家和雕塑家所采用，赢得了赞誉和无尽的赞赏。"（图 4-10）

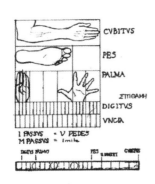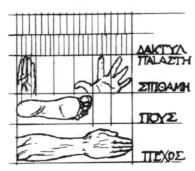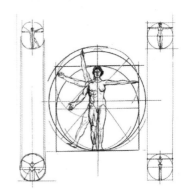

图 4-10　《建筑十书》中的人体比例

通过对人体比例关系的总结，维特鲁威得出一系列有关人体的静态数据，如图 4-10所示通过引入方、圆这两个完美基本几何形式描绘出了完美人（达芬·奇将其重新绘制为"维特鲁威人"）。维特鲁威总结出基于人体比例的动态美学："……人体的中心自然是肚脐。如果画一个人平躺下来，四肢伸展构成一个圆，圆心是肚脐，手指与脚尖移动便会与圆周线重合。无论如何，人体可以呈现出一个圆形，还可以从中看出一个方形。如果测量从足底至头顶的尺寸，并将这一尺寸与伸展开的双手的尺寸进行比较，就会发现，高与宽是相等的，恰好处于用角尺画出的正方形区域内。"

如图 4-11 所示，古希腊、古罗马的古典柱式是西方古代建筑艺术的瑰宝，在古今中外的各时期建筑中被广泛应用，《建筑十书》第三、四书中用人的特征对其进行了总结与解释，指出人体"模数"与柱式之美存在的联系，这种模数的来源是对人体比例的模拟。

图 4-11 《建筑十书》中的人体与柱式的比例关系

多立克柱式（Doric）被称之为"男性之柱"，爱奥尼柱式与科林斯柱式则被称之为"女性之柱"。多立克柱式是古希腊时期最早出现的柱式，维特鲁威叙述这一柱式来源于男性身体比例，爱奥尼亚人通过测量发现男性身体的身高与足长比是 6：1，根据此比例创造出多立克圆柱，用以展现强壮的男性魅力，人们的审美逐渐变得优雅精致，开始更喜欢纤细的比例关系，多立克型也逐渐发展为高度与直径比为 7：1。同一时期，爱奥尼亚人建造狄安娜神庙时，当时女性的身体比例设计出外观更加高挑的爱奥尼柱式，其柱高与柱径的比例为 8：1，该柱式呈现出女性苗条匀称的身材。科林斯人随后发明出比例更为修长，装饰性更强的科林斯柱式，其柱高与柱径比为 9：1，充分体现少女的窈窕纤细（图4-11）。古典柱式比例的演进过程同时体现了建筑工艺的逐步提升。

除柱式外，古希腊、古罗马建筑立面与平面构图中也随处可见人体比例关系。以帕提农神庙为例，如图 4-12 所示，其正立面中屋顶高、柱高、柱距的比例关系与宙斯雕像的身高、肩高、足长的比例关系恰巧一致，也都遵循黄金比率。

中世纪哥特式建筑的平面中隐含着人体结构（头、躯干和四肢）的隐喻，而文艺复兴时期建筑中也

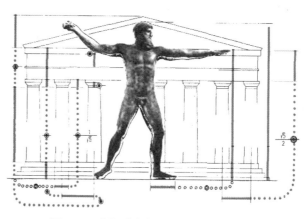

图 4-12 宙斯雕像与帕提农神庙比例关系

把人体比例作为一个明证，认为数理上的比值反映着宇宙万物的和谐关系。这时期人体的比例方法，寻求的也不是抽象或象征意义的比值，而是功能方面的比值，即建筑的形式和空间是容纳人体的"容器"或人体活动范围的延伸，因此建筑的形式与空间应该决定于人的尺寸。

2. 中国古典建筑中的人体比例

中国传统建筑中同样拥有人体比例的构图关系，如图 4-13 所示的蓟县独乐寺观音阁剖面中可以看出，观音阁的内部空间尺寸是依据观音像的尺寸控制得出，而建筑的层高

比例也是依据观音像的人体比例关系设置，如图所示：二层平台与观音像左手自然下垂的水平高度平齐；二层柱头斗拱的下端与观音像右手肘部水平高度一致；三层平台和扶手高度与右手同一水平高度；观音像头部的尺寸恰巧是三层柱头斗拱的高度。

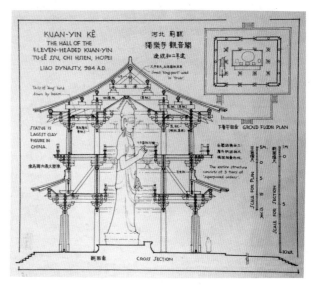

图 4-13　独乐寺观音阁剖面

与西方古典建筑对比，中国古典建筑中不仅运用的人体比例中提取的数理关系加以"形式化"，还通过隐晦的"意向"抽象出人形或人体结构。如图 4-14 所示为汉画像石中表现的建筑结构中的人体元素。图 4-14a 中汉武氏祠石刻人像利用人形比例的抽象形式作为建筑承重构件（柱式）承载建筑屋顶，手法与帕提农神庙雅典娜神殿的少女柱一致，但明显可以看出汉武氏祠石刻人像的人体比例相对抽象。

四川柿子湾汉墓人像柱（图4-14b）的人形则更为抽象，下肢完全以单根柱体表达，上肢与头颈部

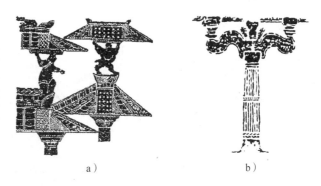

a)　　　　　　　　　b)

图 4-14　中国古典建筑中的人形与人体结构意向比例关系
a）汉武氏祠石刻人像　b）四川柿子湾汉墓人像柱

分则形化为柱头斗拱。南北朝岭南建筑中的一斗三升的斗拱和人字拱形式是在其基础上的进一步抽象。

3. 现代建筑设计中的人体比例

柯布西耶曾解释过："模度是从人体尺寸与自然界中产生的一个度量工具。" 柯布西耶模度绝不仅仅是一个简单的测量工具，而是一种设计手段，他建立了以人体尺度及比例关系为基础的设计系统。为建筑师提供数据参考，解放建筑师对尺度与量化关系的困扰，并贯穿于设计到建造的整个过程中。

勒·柯布西耶在早年旅行过许多国家，他发现如巴尔干半岛、老的法国哥特木屋、土耳其、巴伐利亚、希腊、瑞士的住宅高度都是人举手的高度（地面距顶棚的高度为2.1~2.2 m），从中得到启发，采用人体高度 1.75 m，得出了以 108.2 cm、175 cm、216.4 cm 为基础的尺寸系列，但这些数字与英寸、英尺的换算过程中必须近似，因此实践中还不是很适用，后来经过调整产生了以 113 cm、183 cm、226 cm 为基础的新尺寸系列，这些尺寸与英寸、

英尺在换算中基本不需近似便可取整，"模数"的1.83 m人体便产生了。如图4-15a所示窄腰、宽肩、修长四肢和小小的头部组成了一个符合几何控制线的美学上的理想人体，并根据模度人的基本比例研究出各种行为模式的尺寸关系（图4-15b）。

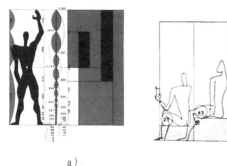
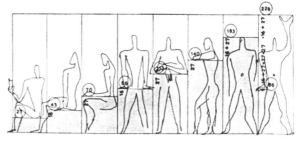

a）   b）

图4-15　柯布西耶设计的"模度"

a）"模数人体"比例　b）"模数人体"各种常用行为的尺寸

柯布西耶在大量建筑中运用到"模度"，其中最出名的是马赛公寓和朗香教堂。马赛公寓的设计中用了15种模数尺寸，整个建筑的每个细节都运用到模度的比例关系：结构、户型、层高、构件（栏杆、扶手）等。如图4-16所示，朗香教堂中，墙面的窗洞、地面分割等许多细节设计都源于他的"模度"。

现代建筑设计中对人体比例的应用不仅只是柯布西耶，也不仅只有"模度"

图4-16　朗香教堂与人体的比例对比

这一个概念。今天建筑设计界关于人体尺寸和比例的研究已经形成一个学科：建筑人体工程学。人体工程学与20世纪60年代起源于欧美工业化国家，最早被应用于机械制造业，研究人与机械之间的协调关系。2003年以来人体工程学与室内设计相结合，强调以人为主体，运用人体计测、生理、心理计测等手段和方法，研究人体结构功能、心理、力学等方面与室内环境之间的合理协调关系，以适合人的身心活动要求，使室内空间尺度达到最佳的使用效果，确立该学科在建筑空间设计中的地位，各国也都相继发布本国男女成年人的平均身高和人体比例信息供设计师参考，自此不局限于室内，包括建筑功能流线、平立面、（室内外）空间设计中都广泛应用人体工程学的相关理论。

人体工程学应用实例：我国属地震高发地区，地震灾害给我国人民生命安全造成重大威胁，作者本人长期进行灾后临时安置建筑的设计研究，并承担"河南省基础与前沿技术研究计划项目（162300410218）"。临时安置房的尺寸与比例设置依照我国人体工程学的相关数据设计完成，其中临时学校教室平面设计根据我国15岁男子的平均身高

1680mm，成年男子肩宽与身高比 1：3.2，得到 1680mm/3.2=525mm，因此临时初中教室走道宽度以 600mm 为宜，每个学生座位 1000mm × 800mm 最合适，教室第一排课桌前沿与黑板的水平距离应 ≥ 2000mm，得出如图 4-17 所示临时初中教室平面图最佳尺寸比例：6m × 3.8m = 22.8 m²，容纳 18 名学生。根据相同方法计算出临时小学教室的最佳尺寸为 5.2m × 3.3m = 17.16 m²，也容纳 18 名学生。

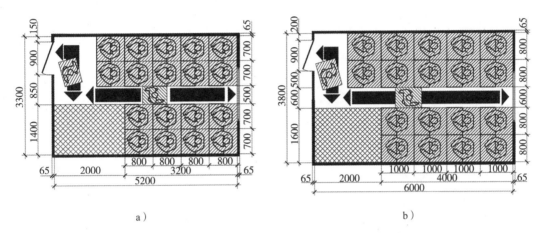

a)　　　　　　　　　　　　　　b)

图 4-17　基于人体尺寸的临时学校平面设计

a) 临时小学平面设计　b) 临时初中平面设计

第二节　尺度

一、尺度的概念

位于美国得克萨斯州威奇托福尔斯的麦克马洪楼（Newby-McMahon）被誉为世界上最小的 "摩天大厦"，这栋大厦总高 12m，分 4 层，每层使用面积 11m²，楼梯就占据总面积的 25%。该建筑的空间尺度无法满足正常的生活与工作需求。

如图 4-18 所示，这座建筑建造于 1919 年，当时的威奇托福尔斯毗邻一座油田，当地经济由于油田的出现而迅速发展，并积累大量财富。当地油田主和矿主却没有合适的办公场所进行贸易，石油公司的订单大多是在街角的帐篷里签订，直到一位名叫 J.D. 麦克马洪的商人提出一个解决方

图 4-18　麦克马洪楼

案，他承诺会建造一栋接近酒店的高层建筑，并因此向石油公司们出售20万美元的股票。然而，令投资者始料未及的是麦克马洪提供的图样中尺寸单位是英寸而非英尺。因此在建筑建造完工后，投资者们发现这栋楼的尺度比图样上所呈现的尺度要小得多，但由于麦克马洪完全按照商定后的图样尺寸建造，因此投资人也无话可说，只能继续使用这栋建筑至1929年经济大萧条才最终被废弃。

由此可见建筑的尺度与尺寸存在联系，但并不完全等同。在上一章已经介绍过关于尺寸的相关概念：尺寸表示具体的数量，现在的尺寸是用特定单位表示长度的数值，即尺寸是反映物体与空间具体大小的数值。

1. 尺度的定义

在测量学与制图学中，尺度等同于比例尺，表示图面尺寸与真实尺寸之比。通过比值可以从图面得到物体整体或局部实际大小的概念。建筑学中的尺度顾名思义是指对"建筑尺寸的度量"，是指通过参照对建筑物的尺寸形成的概念。建筑物一般体形较大，难于进行快速实际测量获取尺寸信息，尺度通过与参照物的对比或者与观察者思想观念中的印象经验做对比获得对建筑尺寸的感觉。

根据上述定义可知，尺度是同一或不同空间范围内，建筑形体的整体及各构成要素给人视觉产生的关于尺寸大小的感受，是形体的真实尺寸与其整体或局部关系给人产生的印象。这种印象有时能真实反映尺寸，有时则因构图关系和参照物因素，使人对尺寸的认识产生误差，根据尺度与实际尺寸的误差大小，可以分为以下几个等级形式：

（1）尺度平等而一致的形式　真实尺寸在空间中所处地位，给人的视觉感觉与尺度相同或一致，在建筑设计中意味着构图方式能正确反映建筑的真实尺寸。

（2）尺度存在差异的形式　真实尺寸在空间中所处地位，给人的视觉感觉与尺度存在差异，但差异不明显，或其中的一项或两项存在差异，在建筑设计中意味着构图方式基本能正确反映建筑的真实尺寸。

（3）尺度差异巨大的形式　真实尺寸在空间中所处地位，给人的视觉感觉与尺度存在差异，且差异巨大的形式，在建筑设计中意味着构图方式不能正确反映建筑的真实尺寸（反映的尺寸不符）。

探讨形态尺度的差异，有助于通过对形态尺度的调节确定构图中的主次关系与排列次序。

2. 尺度与比例

尺度与比例是建筑设计学习中十分常见的两个名词，容易混淆。上一章已经介绍：比例是建筑本身的客观属性，是建筑形态内在的个性，是建筑构成元素尺寸之间的关系。而尺度则是主观的，相对不具体的，通过与外界或者自身元素为参照物而获得的对建筑尺寸的视觉感受。

因为是人的视觉感觉，而非准确的度量结果，因此人们对建筑尺度的认识在很多时候与真实尺寸之间存在差异，这种差异是建筑构图对人视觉的误导。如图4-19所示

是位于梵蒂冈的圣彼得大教堂，被
誉为世界第一大教堂，建筑高度达
137.8m，但由于其前广场随后由贝
尼尼设计建造了体形巨大的环形柱
廊，以柱廊为参照物的对比下压缩
了圣彼得大教堂的尺度。

图 4-19　圣彼得大教堂与广场柱廊的尺度关系

贝尼尼当初的柱廊设计也许并
未刻意创造这种尺度上的错觉，但
随后世界各地的许多建筑师却运用
人对尺度的错觉进行建筑设计。如
图 4-20 所示是位于白俄罗斯格罗多
诺市的圣巴索教堂，对比前方的书
报亭可以看出教堂的真实尺寸并非
巨大，但建筑师刻意压缩门窗开洞
尺寸，并且周边环境开阔，仅有的
几座建筑也相对较小，由此创造出
教堂本身的恢宏感。

图 4-20　白俄罗斯格罗多诺市圣巴索教堂

建筑设计时基地面积、规模限
定和规范限高等要求都会对建筑的
尺寸加以限制，但通过巧妙的建筑
构图手法可以给人带来不同的尺度感。

二、建筑尺度要素

衡量建筑的尺度需要一个标准，这个标准一般是人们所熟悉的人或物，这就是建筑
尺度的参照物。人是建筑的使用者，人的身体尺寸是人们最熟悉的尺寸，因此，通常会
将人体作为衡量建筑尺度的参照物。但因为很多建筑的尺寸过大，人体尺寸与之对比太
过渺小，因此建筑尺度的参照物并非仅限于人体，一切人们所熟悉的要素，甚至记忆中
的固有印象都可以成为衡量建筑尺度的参照。

作为建筑尺度参照的要素主要包括：环境要素、人体要素、建筑自身的材料要素、
建筑形式要素和建筑比例。

1. 环境要素

建筑是环境的一部分，环境是建筑形式的延伸，建筑无法脱离环境，因此环境中的
元素最容易成为衡量建筑尺度的天然标尺。自然环境中的各组成部分大多为人们所熟知：
树的尺寸、石块的大小、河流的宽窄等，这些环境元素都是日常常见的，因此人们对于
这些环境元素的尺寸早已形成固定的印象，而在衡量建筑尺度时会无形中将其作为参照

物。如图 4-21 所示的韩国首尔景福宫宫殿，韩国的皇家宫殿整体尺寸较我国古典皇宫要小很多，以我们对宫殿的传统印象极易对韩国宫殿尺度做出错误的判断，但如以图中宫殿旁边的一棵松树作参照物，尺度就显得清晰。

图 4-21　韩国首尔景福宫

以上提到的是环境中的自然元素，环境中的人工元素同样是控制和衡量建筑尺度的参照，电线杆的高度和间距、汽车的尺寸、路灯的高度和粗细，这些人们熟悉的人工环境元素如果与建筑同时出现在视野内也会成为衡量建筑尺度的参照，如图 4-22 所示。

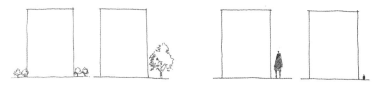

图 4-22　通过环境元素和人来表达建筑尺度

环境中的元素之于建筑可以成为衡量尺度的参照，建筑之于环境同样是创造环境尺度的要素。荷兰建筑大师基·考恩尼说过："建筑绝不只是单一存在的个体。它与构成自然的许多次序一样，也是庞大次序中的一个。"如果因为建筑的存在而破坏环境空间尺度与构图关系，无论建筑单体多精美都是一个失败作品。然而一个尺度合理，与周边环境完美融合的建筑即使外观平实也能给人带来舒服的视觉与使用感受。如图 4-23 所示由 Landmak Architecture 设计的越南蚕茧住宅，该建筑立面材质、色彩、门窗开洞方式以及庭院构件均采用与相邻建筑截然不同的处理手法，和周边整体风格存在巨大差异，但因建筑尺度与相邻阵列式住宅建筑的相似性，因此显得并不突兀，与环境也极好契合，甚至打破了原有阵列式重复韵律，增添了街区活力。

a）　　　　　　　　　　　b）

图 4-23　越南蚕茧住宅

a）立面　b）透视

2. 人体要素

人最熟知的是自身的尺寸和比例，而且人的身高与体重差异并不巨大，因此人是较准确的尺度参照物。人体也是最早被用作衡量建筑尺度的工具，世界各国建筑史中都能看到以人体作为参照的比例尺。从达芬奇的维特鲁维人到柯布西耶的模数人，再到系统的人体工程学，是各时期建筑师以人体为参照进行的设计研究，这些深入的研究为后来建筑师的设计提供理论支持。

"再丑陋的房子，只要有人住，就会有一种不可思议的生命在鼓动，并且建筑会不断演变，生生不息。"——多木浩二。建筑空间为人所用，建筑中的每个构件尺度都蕴含着与人体尺寸的关系，如图 4-24 所示，通过与人体的对比，建筑出入口的门扇尺寸得以体现：可供两个人并肩进出，高度足够运送大型家具进出。二层的三扇百叶门窗和旁边橱窗的尺度也清晰可见。因此，通过人体的参照，无需测量就能快速感知建筑各部分的尺度。

图 4-24 建筑与人的尺度

需要强调的是，对比其他参照要素，人体属于小尺寸参照物，因此，人体和建筑间的距离是判断建筑尺度准确与否的重要因素。如图 4-25 所示人在室内空间中，与人临近的方形柱人们能够轻松

图 4-25 建筑内部空间与人的尺度关系

判断其尺寸，从而感知尺度，而距离较远的圆柱的尺寸则较难判断。因此距离是以人体作为参照物判断尺度的一个前提条件：人体可以作为距离较近的建筑的参照物。

3. 建筑材料要素

人可以离开，树木可能枯萎，甚至电线杆可能被移除，但材料作为建筑的一部分，始终与建筑共存，也是最为稳定的衡量建筑尺度的工具。

在标准化生产的今天，建筑材料的尺寸也被人所熟知：砖、瓦、梁柱、门窗等大多有标准化尺寸。这些尺寸早已给人留下固有印象，例如人们总说巴掌大的一块砖。通过这些印象，人们能迅速对比出由这些材料所构建的建筑的尺度。如图 4-26 所示由乌拉圭建筑师艾拉迪欧·迪斯特设计的红砖教堂与伦敦礼拜堂，可通过墙面砖的密集度和砖与墙面的比例关系判断出建筑的尺度。

a）   b）

图 4-26 通过砖与建筑的尺寸对比得到尺度感

a）红砖教堂 b）伦敦礼拜堂

以砖为代表的人造材料可以作为尺度参照，而天然建筑材料同样具有帮助我们认识建筑尺度的属性，例如木结构建筑，尤其是原木建筑，树木的粗细和纹理疏密是人们熟悉的，因此与环境要素中利用树作参照相类似。

作为参照的环境要素和人体要素自身尺寸不易改变，建筑材料本身的形状、大小则是可以人为控制的，因此，建筑师可以通过改变材料属性（形状、大小等）人为改变建筑给人的尺度感。例如可以将砖做成较大规格，或者用各种大尺寸的砌块代替，使整体与部分间的对比发生错觉，由此改变建筑尺度感，这已成为现代设计手法之一。

4. 建筑形式要素

建筑师通常无法改变建筑周边环境（大范围内自然环境和社会环境），更无法改变人的身高和胖瘦，但建筑的形式是建筑师创造的，因此建筑形式要素是建筑师转换建筑尺度的最佳手段。通过对形式的刻画，建筑可以显得高大宏伟或紧凑精致。最直接决定尺度的形式要素有色彩、肌理、元素形状与组合方式。

基于色彩心理心理学的相关理论（详情见第二章第二节的相关内容），色彩可分为膨胀色与收缩色，色相与明度决定色彩是膨胀色还是收缩色，黄色、橘红色、红色等这些暖色看起来比冷色要大，也就是膨胀色，而明度高的颜色也比明度低的颜色显得大。因此，相同尺寸的物体具有膨胀色的比收缩色的显大，膨胀色的建筑形体比收缩色的建筑给人的视觉感受尺度更大，建筑师在进行创作时，可以通过调整建筑或建筑局部色相、明度使其达到理想的尺度感。

作为参照的建筑肌理是指建筑表皮的可见肌理，肌理按照形式构成要素划分为点式、线式和网格式（详细介绍见第二章第一节关于肌理的详解）。点式是由小的、相对独立的形式单元构成的整体模式，点表示一个具体的位置，点的运动轨迹形成线，所以线式的肌理形式是运动的形式，线的起止方向也就是运动的方式，因此垂直向的线式肌理产生向上的运动感，水平向的线式肌理产生向两侧的运动感。正因这种视觉上运动感使垂直线式肌理的建筑视觉上有向上的趋势，因此显得更加高大、修长，而水平向肌理的建筑视觉上则低矮、稳重。网格式肌理是由各个方向的线交叉而成的，视觉感觉取决于线型的比例与数量关系。建筑师可以通过肌理线型的不同手法来调整建筑的尺度感。如图 4-27 所示的科隆大教堂，是哥特式建筑的代表作，建筑立面大量使用竖向元素，

图 4-27　科隆大教堂（吴小路拍摄）

垂直到顶的塔楼，立面的门窗洞也是竖长形，所有的细节都体现垂直向上的线型，由此产生竖直向上的运动感，建筑显得高耸。

建筑形体的形状对建筑尺度的视觉感受也起至关重要的作用，还以图 4-27 科隆大教堂为例，塔楼为高耸的柱体，塔楼屋顶的锥体造型有明确的垂直向上的指向性，由此进一步"拔高"建筑尺度。

三、建筑尺度分类

在尺度的定义中已经阐明其是物体带来的视觉感觉，在建筑设计中通过不同的尺度设计可以使其便显出或宏伟壮阔、或自然真实或细腻精致的尺度感。宏伟壮阔的大尺度让人肃然起敬，自然真实的尺度给人亲切感，而精致细腻的尺度给人精细感。按此可将尺度分为三类：宏大尺度、亲切尺度和真实尺度。

1. 宏大尺度

在建筑设计中常常用于标志性建筑物或构筑物，例如宫殿建筑、军事建筑、宗教建筑等，是为衬托人的渺小，使人产生距离感，彰显其威严、不可侵犯。

比照上述尺度要素，为表现一座建筑的宏大，首先需要周边环境的映衬，通常情况下纪念性建筑物或构筑物建造在较高的地势或者开阔的场地内。较高的地势使人靠近建筑时需要保持仰望，而仰望会自然使建筑显得宏大。而开阔的场地中缺少周边参照，尤其是其他高大建筑的对比，会使建筑显得突出。如图 4-28 中的两座中外建筑都属于宗教

建筑，需要让人产生敬畏感，因此处理成宏大尺度，图 a 中的天坛坐落于高台基上，周边空旷，图 b 中的某俄罗斯圆顶教堂整个基地周边没有任何建筑物与构筑物，使该教堂成为该场地内的唯一符号。

a）　　　　　　　　　　　　　　　　　　　　b）

图 4-28　宏大尺度的创造

a）仰视　b）开阔空间

创造宏大的建筑尺度绝不仅是刻意放大所有建筑构件，或整体放大建筑比例，这样的方式有时反而适得其反，例如锡耶纳大教堂立面，其门窗的尺寸按照比例整体放大数倍，试图创造宏大感，但这种处理手法在缺少了参照物，尤其是缺少人作为参照物时是很难准确判断建筑尺寸的，也难以感受到宏大的建筑尺度。如圣彼得大教堂广场上的巨大柱廊所产生的相反效果。正确的构图手法应当将建筑构图元素划分主次，主要部分做得宏大，次要部分按照正常尺寸，或略大于正常尺寸，主次之间产生对比，才能衬托建筑整体的宏大。例如意大利佛罗伦萨大教堂整体庞大，尤其是巨大的穹顶异常突兀，但墙面开窗的尺寸确颇为保守，由此产生的反差突出宏大尺度。

宏大的建筑尺度不仅体现在建筑外部形态，建筑内部空间同样可以营造出宏大尺度感，具体的设计方法有：①通高空间的设置；②室内空间彼此连通，采取通透的"柔性分割"（例如玻璃幕、植被绿化、低矮家居等）；③采用细高的承重结构（例如列柱等）。

2. 亲切尺度

亲切尺度是指根据某些特定的环境或空间需求将建筑尺度做小，视觉尺度感觉小于实际尺寸的尺度关系。

埃利尔·沙里宁认为"设计要一直在这样一个大前提下进行：椅子属于屋子，屋子属于房子，房子属于环境，环境属于城市规划"。既然建筑属于环境，建筑的存在不应破坏原有的环境风貌，因此在很多情况下需要设计亲切尺度的建筑，使其融入环境中，甚至消隐在环境中。

城市的高密度环境中同样需要亲切尺度的建筑，传统街区、历史街巷中建筑尺度精致，因此周边的新建建筑应尽量配合整体建筑风貌，保证街区风格的协调和统一。

另外，为衬托宏大尺度建筑，其周边应设置尺度亲切的建筑与其对比。

创造建筑亲切尺度的方法有以下几种：

1）建筑分散布置。集中式建筑为承载相应的功能与结构需求，需要较大尺寸空间，尤其是垂直高度的增加，将大大增加建筑尺度感。将建筑合理拆分，分散布置，达到降低建筑高度和密度的效果。

2）采用通透材质。渡边邦夫（日本朝日电视台大楼设计师）曾一再强调："用玻璃造不是更好么？"足见其对玻璃材质的钟爱。通透的玻璃幕墙可以使视线更好地穿越建筑，使建筑周边环境交互。如图 4-29 所示的密斯·凡德罗设计的范斯沃斯住宅通过整体玻璃幕的方式将住宅巧妙融入环境中。除视线的穿透外，玻璃材质还

图 4-29　消隐在环境中的范斯沃斯住宅

具有反射效果，建筑因此成为"城市镜子"，建筑立面反射周边环境形象，同样达到消隐建筑结构的效果，减小建筑的尺度感。

3）建筑形式与周边环境的和谐统一。

3. 真实尺度

真实尺度是指建筑给予视觉的尺度感同建筑的实际尺寸一致或基本一致。

使建筑的尺度感接近建筑的真实尺寸可以通过以下设计手法实现：

1）设置"尺度标志"，建筑中的尺度标志主要是指人们印象深刻或对尺寸熟悉的建筑构件，例如台阶踏步高度、栏杆扶手的高度、室外阳台的尺寸、虎头窗的尺寸等。如图 4-30 所示为瑞士琉森沿河建筑群，其中的每座建筑尺度真实，不易产生视觉错觉。原因是因为每个立面上的室外阳台与屋顶的虎头窗作为明确的尺度标志，观察者可以准确地判断它们的准确尺寸，进而推断出建筑的真实尺寸。

图 4-30　瑞士琉森沿河建筑群

建筑室内空间中同样拥有尺度标志，人进入室内空间时，如果是没有任何家具和装修的毛坯空间，则容易对其尺寸产生误判。而家具、装修齐全的房间使人较为轻易地目测空间高度与宽度，感觉到空间真实尺度。家具可以作为室内空间的参照物，建筑师和室内设计师通过在适当位置的家具摆放既能满足空间使用要求，又能反映空间真实尺度。

尺度要素中的建筑材料是另一种尺度标志。通过砖、原木、石材的尺寸使人们认识建筑真实尺寸，详情见下面的相关介绍。

运用尺度标志进行建筑真实建筑尺度塑造时，需要注意以下两方面：建筑中的尺度标志必须按照真实尺寸设置；观察点距离建筑保持适当的观察距离，尽量保证建筑全貌与"尺度标志"均在视野范围内，对尺度进行"丈量"。

2）通过形体划分创造真实尺度。对建筑体量的多次、反复划分会降低建筑的尺度感，却使人容易判读真实尺寸。如图 4-31 所示的意大利米兰市某建筑沿街立面，水平向与垂直向都进行了多次划分。水平向的多次划分明确了建筑层数及其层高，垂直向划分明确了建筑的房间数，大量的划分突出建筑立面细节，为建筑真实尺度的判断提供了更多的参照物。

图 4-31　意大利米兰市某建筑沿街立面

真实尺度建筑的形体划分是根据建筑结构与功能进行的划分，刻意、无序的装饰性划分反而会影响人对建筑尺度的判断。

3）通过形体组合创造真实尺度。过分规整的建筑形体使观察角度受限，进而影响尺度判断。尤其是大型建筑本身在设计时注重形体各方向上的组合关系将增加建筑的观察视角。如图 4-32 所示为 Shift Architecture Urbanism 建筑设计公司设计建造的荷兰林姆堡博物馆，该建筑是一座由一个球状电影院、一个方形画廊和一条矩形交通连廊所组成的综合性公共建筑，是各部分由基本几何形构成的形体，从各角度观察，该建筑能呈现出不同的形体特征。各部分的不同属性相互对比，增加观察视角的同时使尺度要素数量得以增加，易于认知真实尺度。

图 4-32　多形体组合建筑实例：荷兰林姆堡博物馆

四、建筑尺度要求

根据以上章节的示例可以看出有些建筑给人带来的尺度感是建筑师的本意，达到应有的设计效果（例如天坛和科隆教堂所追求的宏大尺度感），而有些建筑尺度却未达到理想效果，或得到相反的尺度效果，错误的尺度感是扭曲的建筑尺度。

能带来视觉所需的尺度感只是正确建筑尺度的一方面。正确的建筑尺度还包含以下内容：

1）同时满足建筑的功能、空间与结构要求：无论是宏大尺度、亲切尺度或真实尺度的建筑都应保证功能合理与结构坚固。建筑的实用性与安全性是一切形式的前提，建筑的功能与结构决定建筑形式，建筑形式进而影响建筑尺度感。建筑设计不能一味追求形式的尺度感而丧失实用及安全原则：建筑各部分的空间尺寸和空间形式符合功能需求（例如运动空间应有较大的空间尺寸和室内净高，生

图 4-33　结构与大尺度空间实例：韦洛德罗姆足球场

产车间的空间尺度应能容纳生产设备，并使其正常开动），结构体系尺寸符合受力要求，尺度较大的空间需要有体量较大的结构体系。如图 4-33 所示为法国韦洛德罗姆足球场新馆，为满足可容纳 67000 座席的庞大尺度空间，设计出大型金属结构"墨西哥人浪顶棚"，呈现出建筑尺度与结构的紧密联系。

2）建筑的整体及部分的尺度都满足使用者的使用要求和行为流线：建筑各空间都应以人的行为尺寸作参考进行设计。例如，创造尺寸合适的楼梯、走道、出入口保证人流进出，厨房内的所有家具尺寸应考虑操作者的使用等。

3）建筑尺度根据需求与周边环境相适应（自然环境、社会环境）：正确的建筑尺度需要与周边的环境相协调，自然环境中的构成元素拥有自然的尺度关系，作为自然一部分的建筑不应破坏原有自然环境的尺度关系。

中国古典园林非常讲求建筑尺度与环境关系的处理手法，园林水域景观一般居中，在平面上占据较大尺度，亭台楼宇散落于园林周边，亲切尺度的廊道、小桥穿插其中。如图 4-34 所示的苏州狮子林，该园林自明初以来几经变迁，从私家园林变为寺院，又恢复为文人园，寺、园分开，清《郭嵩焘日记》中对其清代场景记载："石林二座，一置平地，一置水中，丁未冬游此，两山皆完善……叠石成围，中构一亭。石林中分上下两层，盘旋曲折，忽深入洞底，忽高跻林杪，或开一门，或架一桥，无不入妙……四隅高处，各置一亭"。通过这段描述可以大致看出清时狮子林的布局与建筑的关系，叠石中与四

周较高的位置各放置一个亭子，月亮门和小桥联系着石林中的高高低低，在这幅场景中所有的建筑与构筑物都以园林景观小品的形式存在，都保持着与环境相协调的尺度感。

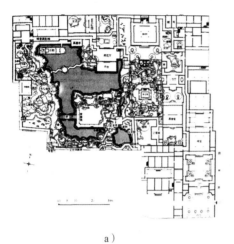
a）

b）

图 4-34　苏州狮子林的建筑与景观尺度
a）总平面图　　b）局部建筑与景观

4）尺度满足人的心理需求：人对每种建筑类型的尺度会有固定的印象，当建筑呈现的尺度偏离使用者的固有印象时，通常会使其感觉不适。例如将卫生间设计为宏大尺度会使人缺乏隐私感，将运动场设计为亲切空间会使使用者觉得压抑，甚至影响运动成绩。

5）建筑构件尺度满足室内采光、通风与保温需求：门窗、墙体的尺度不能只考虑其尺度感，应同时满足室内环境需求，适当位置、尺寸的门窗可以提供给室内良好的通风与采光效果，切忌为创造外立面或室内空间的尺度感而强行增大或者减小应有尺寸，而影响建筑室内环境。

第三节　一致性、相似性和反差

建筑中的一致性、相似性和反差涉及建筑设计的各方面：功能（意义与使用者行为的差别程度）、空间（同一空间系统中各元素之间的关系差别或空间与空间的差别）、结构（结构类型、尺度和建构方式的差别），同时涉及形态属性与构图关系（形状、尺度、体量、质量、位置关系等）。具有以下特点：

1）建筑构图学中的一致、相似和反差主要研究形态属性与构图关系间的差别程度，但建筑设计还要全面考虑功能、空间、结构的关系要素，建立建筑的"可读性"与"易读性"，最终使设计体系完善。

2）建筑构图学的一致、相似和反差反映建筑形体某一属性间的差别程度。进行比较的属性可以是尺寸、质量、形状、色彩、材质等。也可以用来比较空间位置关系、构图中的主次关系、功能关系。

3）建筑构图学中的一致、相似、反差作为比较体系是视觉的感性认识，不存在具体的数据对比，但可以作为建筑空间形态设计方法，进行比较的各元素属性必须是同一属性，不具有比较可能的属性也不存在一致性、相似性或差异性。例如颜色与形状，尺寸与质量等无法进行比较。各属性在进行比较时保留各自的艺术价值，一致性、相似性或反差将艺术特性整合到同一空间形式中，寻找相互关系的组织方式。

4）完形心理学中的接近原则和连续原则是其视觉特性形成的理论基础。

1. 一致性

构图中的一致性表明同一空间范围内两个以上元素的属性相同，当同一空间中出现两个以上元素时，则一定存在相对位置的差别。参见第三章第三节相关内容，属性相同但相对位置不同时，元素之间依然存在主次关系，因此能成为完整构图。如图 4-35 所示的一组简单形体，个体属性相同，但在构图中的位置关系存在差异（居中或两侧），构图中基本属性一致的形态间依然存在主次关系。

图 4-35　简单图形的一致性

一致性构图关系在城乡规划中运用广泛，现代居住区中形式完全相同的居住建筑阵列式的排列方式是一致性在城市规划中的运用。

一致性的建筑构图关系在古今中外建筑设计中也都很常用，西方古典风格建筑柱廊中的柱式是一致性的均匀排列。如图 4-36 所示的基辅国家美术博物馆的外立面 6 根多立克石柱除相对位置的差别外，其属性完全一致，多立克柱外檐壁上的垂花饰也呈现出同样的运用一致性的构图手法。建筑立面的均匀开窗，建筑结构中的均匀柱网都是建筑构件的一致性表达。

除构件外建筑整体体块间也经常出现一致性的构图关系。如图 4-37 所示建筑是丹麦 3XN 建筑事务所将克根霍尔门运河旁的船屋改造成的建筑工

图 4-36　基辅国家美术博物馆

图 4-37　哥本哈根船屋办公室

作室，五座一致性单体排屋阵列式相连，形成建筑面积 2000m^2 的办公空间，能够同时容纳 150 名员工在此办公。该建筑中的一致性仅限于建筑外部形态，室内为一联通的大型办公空间。因此其空间、功能和结构均不包含一致性原则。

2. 相似性

空间中若干元素的属性与特征存在接近一致的关系被称为彼此间具有相似性。元素间存在相似性关系表示元素属性间存在差异，但这种接近一致的差异被称为细微差别。元素之间的细微差别可以存在于一个或若干个自身属性，如图 4-38a 所示的简单图形构图中元素的尺度和相对位置存在细微差别，如图 4-38b 所示的元素自身属性中尺度、颜色和位置均存在细微差别。根据图 4-38 得出结论：元素间的相似性存在于两个以上元素间的对比，当元素间任一属性（或几个属性）存在细微差别，但整体相近时，元素间存在相似性。

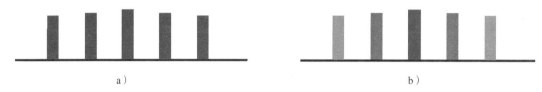

a）   b）

图 4-38　简单图形的相似性

a）尺寸相似　b）尺寸与颜色相似

除体量与颜色的相似性以外，形状的相似性组合也是建筑设计中常用的构图手法，如图 4-39 所示的波兰什切青新爱乐音乐厅（The Philharmonic Hall），该设计为 2015 年度的欧盟建筑奖（European Union's architecture prize）和密斯凡德罗奖（Mies van der Rohe Award 2015）获奖作品。该建筑是一个典型的大空间套小空间的设

图 4-39　波兰什切青新爱乐音乐厅立面

计，但立面设计体量相当、材质完全相同，整体形式统一的 8 组锥体紧密交叉排列而成，会使人错以为该建筑的空间是并列排布的形式，建筑立面的 8 个锥体属性一致，只是形状上略有差异：双坡与单坡、锥体顶角的度数差异。这些细微差别可通过视觉直接识别，达到立面整体相似性的构图效果。

3. 反差

随着元素属性间的差别逐渐增大，元素间的相似度也随之减少，当细微差别变为明显差别、甚至相互对立，此时的元素间关系称为反差。元素间的一般性差异并不能称为反差，具有反差性的元素属性就像磁铁的正负极一样鲜明。元素间的反差性可以是一个属性的反差或者多个属性间的反差。如图 4-40 所示的两个简单元素间的反差性同时存在于色彩与体量。

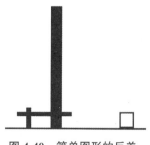

图 4-40　简单图形的反差

如图 4-41 所示是由俄罗斯建筑师卡林·萨普里奇与阿列克桑德罗·阿萨托夫合作设计的位于莫斯科州的斯巴达克体育综合体设计方案，该综合体主体由一个标准足球场、一个室内训练馆两部分组成，两个组成部分除体量大体相当外，其整体形状、空间形式、材质与颜色选择包括结构体系均存在巨大反差，体现出强烈对比效果。

图 4-41　莫斯科州斯巴达克体育综合体（设计方案）

斯巴达克体育综合体方案中是两个彼此分开的组成部分之间的反差。建筑设计中单一形体的构图中也存在反差关系。如图 4-42 所示建筑为葡萄牙自由镇市里图书馆，该方案为一老厂区的改造设计，以一个切角的立方体为构图主体，建筑墙面平整厚实，部分墙面与切角部分采用通透玻璃幕墙，使建筑表面材质间呈现巨大反差，创造良好的虚实对比关系。

表面实墙提供室内空间宁静感，而玻璃幕墙的通透提供给图书馆必需的自然采光，

图 4-42　葡萄牙自由镇市里图书馆

同时增强空间的内外交互。该建筑的虚实反差除创造形式的新意外，也同时符合建筑功能与技术需求。产生反差构图效果的同时兼顾实用性。

根据以上两个建筑实例可得出以下结论：建筑构图中的反差性可以是复合建筑各构成部分之间的巨大差别，也可以是单体建筑自身各组成元素间的差别性。

古典建筑中同样存在类似的构图关系。如图 4-43 所示的米兰埃马努埃莱二世拱廊街最初设计于 1861 年，并由朱塞佩·门戈尼（Giuseppe Mengoni）于 1865 年到 1877 年之间修建完成，迄今已有 150 年历史，被誉为世界上最早的购物广场，该拱廊在 2014 年进

行重新修复。长廊顶部整体覆盖拱形玻璃和铸铁屋架，这是19世纪流行的商场设计[1819年开业的大型玻璃购物商场的原型伦敦伯灵顿商场（Burlington Arcade）也采用类似的设计手法]，该玻璃拱顶使拱廊呈现出下实上虚、整体实局部虚的构图关系，带来巨大反差。不仅虚实关系，其建筑风格也存在反差：埃马努埃莱二世拱廊街的主体形式采用欧式古典主义风格，而拱顶部分金属框架和玻璃幕的搭配方式又极具现代工业感，这样的设计既体现华丽的装饰效果，又满足自然采光需求。

图 4-43　意大利米兰埃马努埃莱二世拱廊街

建筑的艺术感染力不能单纯通过一致性、相似性和反差关系来实现，还需要与建筑构图的其他手段（对称、韵律、均衡等）相结合才能达到良好的构图关系。为实现建筑构图的美观效果，建筑师需要明白在何时、如何运用这三种属性关系：强调还是巧妙地避开这三种构图关系在设计中出现。比如建筑构图中的反差极易破坏建筑自身的和谐与均衡，而一致性又容易使建筑构图中缺乏主次关系。因此与其他建筑构图方法一样，一致、相似与反差的使用取决于建筑的空间形式与结构体系。

建筑构图中一致性、相似性和反差性关系的存在基础：

（1）形状比较　建筑形式中形状是其最直观的视觉属性，第二章介绍过形状分线形、面形与体形。建筑中的形状对比主要是指面形和体形的对比关系。面形是二维视觉概念，建筑中通常是指特定角度的建筑轮廓所呈现的形状（通常选择建筑立面），例如金字塔的锥形、国家大剧院的半球形等都是指建筑轮廓线形成的形状。建筑形状的一致性、相似性和反差很大程度上决定了建筑与周边环境的关系和建筑各组成部分间的关系。如图4-37所示的哥本哈根船屋办公室形式上的一致性与图4-39所示的波兰什切青新爱乐音乐厅形式上的相似性都是建筑各部分之间的形状比较关系。

体形可看作由面形状围合而成，但有时面形的对比关系与建筑体形的对比关系并不一致，例如波兰什切青新爱乐音乐厅的组成体块间就没有相似性关系。因此建筑体形的对比关系由立面形状和平面形状共同决定。

（2）尺度比较　建筑各组成部分尺度的大小通常决定各部分在建筑中的主次关系（详情见第三章相关内容），建筑设计中创造一致和相似尺度可以模糊建筑（或建筑组

成部分）之间的主次关系，如图
4-44 所示的美国旧金山阿拉莫广
场建筑群中的维多利亚式建筑运
用完全一致的尺度关系表现平等
的构图关系。构图中形状和其他
属性相同或相似的部分，尺度反
差大的主次关系分明。

图 4-44　旧金山阿拉莫广场维多利亚建筑群

（3）位置比较　构图中元素的位置关系通常是指元素间的相对位置，建筑构图中出
现多个元素时，其位置不可能存在一致性，但是却可能存在相似性或反差性的位置关系。
如图 4-45 所示的四个简单图形中，以图形 1 作为参照元素，元素 2 和 3 与元素 1 的位置
关系均是分列两侧且到元素 1 的距离相等，因此元素 2、3 是相似性位置关系。但元素 4
距离元素 1 的距离远大于 2、3 到 1 的距离，因此元素 4 和元素 2、3 属于反差性位置关
系。这样的位置对比不仅来自于距离的数理关系，同时来自于完形心理学中的接近原则：
视觉会将彼此接近的元素默认为统一分组，它们彼此间的关系更加紧密。

图 4-45　简单图形的位置比较关系

（4）虚实比较　建筑设计的虚与实是相对概念，根据元素对比中的虚实程度划分。
虚实关系也是建筑设计中最常用的构图手法，如上面介绍过的葡萄牙自由镇市立图书馆
和米兰埃马努埃莱二世拱廊街均是虚实处理的典型范例，虚实关系不仅决定构图形式，
同时创造出有差异的建筑空间关系和室内环境关系。

（5）质感比较　建筑中质感的一致性、
相似性和反差是建筑材料质感的比较关系。
如图 4-46 所示建筑是坐落于阿根廷巴塔哥尼
亚的丝带住宅，建筑外立面同时运用了木、
清水混凝土、玻璃、石材与外立面涂层五种
材质，这些材质属性差异巨大（色彩、肌理、
对光的反射和透射性），因此呈现出巨大的
质感差异。

如果使用完全相同的材质则可以认为建
筑形态的质感一致。

如果采用建筑材料类别相同，而材质稍
有差别时，则可以看作材质间是相似关系，

图 4-46　阿根廷丝带住宅

例如都使用木材，但是木材的品种存在差异，而导致肌理存在细微差别。

建筑形体质感的比较关系同时影响形体各部分的虚实关系。

（6）色彩比较　当建筑形态使用的色彩其色相、明度、纯度均相同时，则是一致性色彩，当色彩的三要素中有其中一个发生细微变化时则属于相似色彩，当三要素发生巨大变化时则色彩属于反差色。如图4-38 b所示的形体间的色彩色相一致但明度存在微差，则为相似色。

第四节　韵律

一、韵律与建筑韵律

"韵律"是代表事物特征的名词，表示某种特定的组合规则。《辞海》中对韵律的解释为：韵律是指某些物体运动的均匀的节律。建筑通常是静止的，不存在运动，因此建筑构图中的韵律是指构图元素点、线、面、体以规则化的、图案化的、重复性的或渐变性的出现，呈现出视觉上的动感或序列感。

建筑构图中韵律的产生主要取决于构成元素的视觉属性和元素间距。如图4-47～图4-49所示，元素视觉属性（体量、比例、颜色等）完全相同或渐变（例如，颜色逐渐变深或变浅，体量逐渐变大或变小，距离逐渐增大等）是产生韵律的条件。如图4-47b、图4-48b、图4-49b中的元素都是从左向右依次变高，且后一个比前一个高度增加的数值是等量值 h，此时的构图中存在韵律关系，该韵律是按照等差数列的原理呈现的，h 是该等差数列的公差。

由此得出结论：存在韵律的构图中韵律关系通常符合一定的数理关系，最常用的数理关系是数列（相关内容见第二章第一节第二部分的相关内容）。

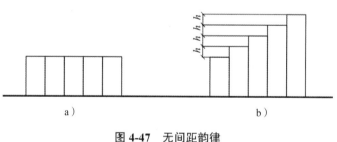

图 4-47　无间距韵律
a）元素同属性　b）元素不同属性

元素属性完全相同或属性发生渐变的同时还应满足间隔距离的规律，元素间距在三种情况下可存在韵律：无间距、等距和不等距（如图4-47～图4-49所示），其中无间距与等距的韵律关系较好理解，而不等距不代表间隔随意，而是指

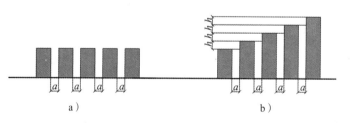

图 4-48　间隔等距韵律
a）元素同属性　b）元素不同属性

间隔距离按照逐渐增大、逐渐缩小、先增大后缩小或者先缩小再增大的规律安排，增大与缩小的数值按照特定系数控制。如图 4-49 所示的两个例子中的元素间距遵循的规则是间距由左向右依次增大，后一个距离是前一个距离加距离 b，该间距遵循等差数列原则，该间距之间的公差为 b。

由此得出结论：当构图元素的属性符合韵律关系，且在其属性韵律方向上的元素间距为一个固定值或者存在一定的数理规律时（等差、等比、费纳波切数列等），该构图关系为韵律构图。但当元素的属性韵律与间距韵律不在同一方向时，此时的韵律关系被打破。

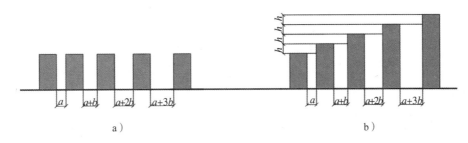

a)   b)

图 4-49 间隔不等距韵律

a ）元素同属性   b ）元素不同属性

任何建筑构图中都包含有规则的构成元素：结构体系中的柱网、梁的重复排列；门窗建筑立面的模数化排列；建筑饰面中墙体面砖、屋瓦的序列化排列；均匀窗洞所产生的均匀光影变化也使室内环境中呈现出规则化的排列。这些规则化的元素排列都是建筑构图中的韵

图 4-50 德国国会大厦正立面（吴小路拍摄）

律。如图 4-50 所示德国国会大厦正立面的六根大型古典圆柱以及柱壁和开窗都是间隔等距韵律排列。

根据以上结论，按照构成元素间的关系可将建筑构图中的韵律分为两类：元素的重复韵律与元素间的渐变韵律。

二、元素的重复韵律

哲学家康德认为："同我们习惯因重复而求规律的解释相反，我提出要把重复解释为我们习惯于期待和寻求规律的结果……不要消极等待规律重复地强加于我们，我们应该积极行动起来，把规律加之于世界。"

1. 重复韵律特点及分类

元素的重复韵律是因构成元素属性与间距均相等时产生的韵律性构图形式。重复排列可以细分为单体重复韵律和分组重复韵律两类：

1）单体重复韵律是指每个构成元素的自身属性相同且间距相等的重复性韵律（如图4-47a与图4-48a所示）。

2）分组重复韵律是指存在多种属性构成元素，元素的间距也可能不等距，但若干构成元素相互组合后形成的组团之间产生整体的属性相同且等距关系，此时的构图关系也是重复性韵律（图4-51）。

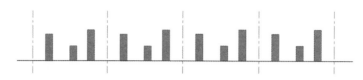

图4-51　分组重复排列的韵律构图

重复韵律的构图中元素数量多为两个以上元素间的构图关系，重复韵律的构图多数都存在对称关系或镜像关系。

在建筑立面构图与空间构图中，重复韵律关系是十分常用的构图手法。立面构图中重复韵律间距是元素间二维平面内的直线或曲线距离（通常为函数曲线），其中最常见的建筑立面重复韵律是垂直向与水平向直线重复韵律（例如图4-50德国国会大厦立面中的重复韵律），以及对角线方向重复韵律。

空间构图中重复韵律的间距是三维空间内的空间间距，元素间的韵律排列方式更加多元。

（1）同属性分组重复韵律　构图中的所有元素均属性相同，元素间距不同，但分组后，组与组之间的间距相等，且每组内的元素间距也存在固定韵律。如图4-52所示为元素形状、大小、颜色均相同的简单构图，其中元素间距存在两种尺寸，且两种尺寸彼此交错，单独元素的重复韵律关系不存在，但通过两两组合成组的方式，可以形成重复韵律，且如图所示拥有两种韵律方式。但根据完形心理学的接近原则（详细论述参见第二章第二节相关内容），视觉上倾向于接收相邻元素成组的分组形式。

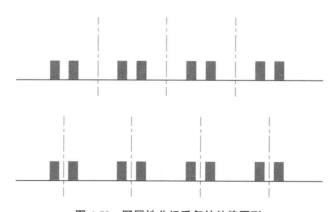

图4-52　同属性分组重复的韵律图形

（2）不同属性分组重复韵律　构图中所有元素属性可能各不相同，通过视觉分组产生重复排列的效果，如图 4-53 所示的简单形状构图中元素属性与元素间距存在差异（但相近），似乎并不存在规律，但仔细观察可发现构图中一共存在三种形状的元素，彼此交错排列，可以通过图中虚线划分的两种方式分组（还有其他分组方式，此处暂不做罗列），并存在的如下关系：组与组构成元素数量与形状相同，组与组之间的间距相同，符合重复韵律构图关系原则。

图 4-53 中的元素属性只有形状和体量不同，元素视觉上相近。图 4-54 所示构图中元素的颜色、体量、形状均不同，但根据相似的分组方式，同样具有重复韵律关系。

根据上述两组例子的对比可以发现：当不同属性元素构图具有重复韵律关系时，差异元素（图 4-54）比相近元素（图 4-53）间的分组韵律效果强。因为分组重复韵律构图的本质是由单体重复韵律元素交错组合而成，相近元素组合使隐含其中单体重复韵律不易体现，而差异元素的组合中，各单体重复韵律关系明显，因此其分组韵律构图关系也较为明显，如图 4-55 所示的两组分组重复韵律构图中，元素形状、体量和位置均存在明显差异，因此其分组韵律效果明显，尤其是图 4-55b 中元素的颜色也存在反差的情况下，分组效果进一步明显。由此可得出结论，在差异元素分组重复韵律构图中，元素的颜色、位置是重要的视觉分组要素（心理学因素参见第二章第二节完形心理学中相近原则的相关内容）。

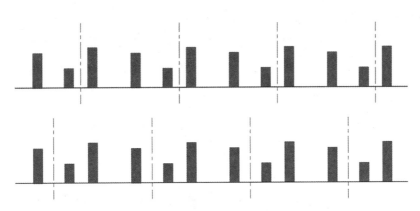

图 4-53　相近形状分组重复排列的韵律构图

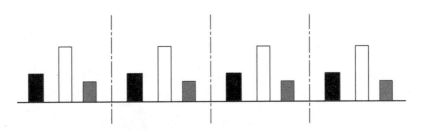

图 4-54　差异元素分组重复排列的韵律构图 -1

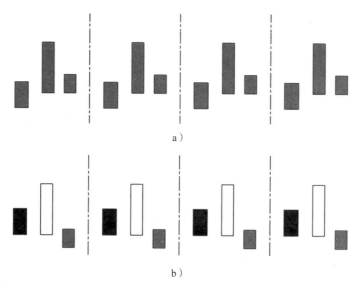

图 4-55　差异元素分组重复排列的韵律构图 -2

a）同颜色元素　b）不同颜色元素

2. 建筑重复韵律构图实例

在建筑史的任何阶段重复韵律构图都是建筑设计中最常用的构图手法之一。建筑整体体块与建筑构件间都可能存在重复韵律构图。

（1）建筑体块的单体重复韵律实例　整体体块的重复性韵律使建筑呈现出严格的秩序感，此种构图中体块间呈现出一致性和平等性，体块间不存在明显的主次关系，如果某个体块位于构图中轴线时存在微弱的主次关系。如图 4-56 所示为巴黎东郊大诺瓦西区后现代建筑群中的一组建筑。建筑建于 20 世纪 70~80 年代，由当地政府委托西班牙建筑师里卡尔多·鲍菲尔（Ricardo Bofill）设计完成。设计师深受乌托邦思想的影响，试图在法国建造一座完美的"太空之城（City in Space）"，给予在此居住的居民以平等、共融的生活环境。

图 4-56　建筑体块构图的单体重复韵律

（2）建筑立面构件的单体重复韵律实例　随着工业技术的进步，建筑的标准化、工业化水平提高迅速，大量的建筑构件（门、窗、梁柱，甚至房间）都在工厂预制，现场安装。因此当代建筑中会出现大量的重复性构件。如图 4-57 所示建筑是由俄罗斯建筑师叶甫盖尼·利诗科夫设计的位于莫斯科河畔的多功能综合体"丹尼尔广场"。建筑由两个体块构成，银色体块呈矩形、金色体块为 L 形，体块由下层裙房和上层连廊相连接，由于立面色泽和形状的差异使两部分形成反差，但每部分的立面构图形式相似：每层窗洞按重复韵律整齐排列，邻近的两侧窗洞彼此交错，层与层之间用金色和银色墙体划分，立面整齐、秩序性强，建筑色泽醒目，形成区域建筑地标。

图 4-57　莫斯科河畔的多功能综合建筑"丹尼尔广场"

（3）空间构件的单体重复韵律实例　建筑中除立面构件外，空间构件也存在重复性韵律。建筑的空间构件包括装饰性构件与结构构件两类，结构构件承载着建筑的承重与围护功能，而装饰构件则是单纯创造形式的工具，当代建筑设计中讲求形式与结构的统一，因此大多数空间结构构件也起到装饰作用。

空间构图中单体重复韵律为空间营造规整的平面关系和空间序列。如图 4-58 所示是由大舍建筑事务所设计的上海龙美术馆西岸馆，该建筑位于上海西外滩，曾入选 2015 年年度博物馆优秀设计的前 15 名。建筑室外保留原有工业遗址"煤漏斗"的柱网空间，整齐划一的水泥柱网创造出整齐的空间序列，通过重复韵

图 4-58　上海龙美术馆西岸馆室外保留建筑柱网的空间韵律
（冯志华拍摄）

律的塑造让体验者更容易体验空间深度，有助于对空间尺度的认知。

（4）建筑立面与空间的分组重复韵律实例　中国和西方的古典建筑都非常讲究重复的秩序，因此古典建筑通常采取同属性分组韵律的手法，而现当代建筑设计手法更加多元，对形式的创造也不拘泥于简单的排列，因此不同属性分组韵律时常在各类建筑立面与空间设计出现。

利希滕斯坦城堡位于德国巴登·符腾堡州罗伊特林根县（图 4-59a），是一座建于

19世纪的古典私人宫殿建筑，现在作为酒店与博物馆使用。该建筑坐落于海拔约817m的陡壁上，既是德国最悠久的古堡，也是世界最危险的建筑之一。城堡为浪漫的新哥特式风格，城堡的西北面后来加建一座漂亮的塔楼，格外引人注目，建筑主体立面沿中轴对称，位于中段的三组细长柳叶窗具有明显的分组韵律关系。

图4-59b所示是由纽约OLI事务所冈本博、林兵共同设计修建的浙江木心美术馆。图中其室内休闲空间与室外景观划分的玻璃幕上采用四组（两两一组）通高的竖直金属门把手，将通透界面划分为五部分，此种重复韵律感为室内外空间的交互提供秩序，也给予视线独特的透视关系。

a） b）

图4-59　建筑中的同属性分组韵律图形实例（钱禹拍摄）

a）利希滕斯坦城堡　b）木心美术馆室内休闲空间

如图4-60所示是由俄罗斯建筑师尼科达·亚维因设计的俄罗斯柔道学校方案。这座9层28.8m建筑整体采用7.2m×7.2m柱网的木结构框架体系，玻璃幕墙安装于木框架内侧形成建筑围护体系，室内外材质统一，建筑整体开放，结构与室内空间环境一目了然。建筑立面与平面构图均严格遵循重复性韵律关系，除柱网关系外，五组竖向交通（楼梯、电梯间）的重复性均匀布置将建筑主立面划分为四间，产生强烈的韵律感与对称感。

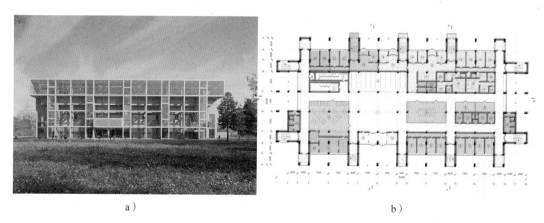

a） b）

图4-60　俄罗斯柔道学校设计方案立面与平面中的重复韵律

a）立面　b）平面

重复性韵律通常伴随着对称关系的出现，在追求轴线关系的古典建筑中，重复性韵律通常会多次出现在建筑中的各部分之中。例如图4-61所示建筑为俄罗斯圣彼得堡亚历山大大剧院，该剧院又名普希金俄罗斯国家话剧院，位于俄罗斯圣彼得堡奥斯特洛夫斯基广场中心，是俄罗斯最古老的剧院之一，建筑始建于1756年伊丽莎白女王执政时期，当时剧院名为"俄罗斯悲喜大剧院"，1832年，尼古拉二世沙皇聘请意大利建筑师罗西重新设计改建，并

图 4-61 俄罗斯圣彼得堡亚历山大大剧院立面分析

以其皇后亚历山德里娜命名。亚历山大剧院与马林斯基剧院、米哈伊洛夫斯基剧院并称为圣彼得堡的"三大帝国剧院"。大剧院的外墙为亚历山德里娜皇后最喜爱的车矢菊色，主体色调保留至今，建筑正立面沿中轴对称，立面中段内凹，建造六根白色古典柱式，形成构图中心，整个建筑立面中包括列柱、檐壁、门窗在内共使用多达11次重复韵律手法。

图4-62所示为一当代美术展览馆设计方案，方案为标准矩形上加一小矩形的中轴对称形式，建筑围护部分采用双层复合立面，每层表皮拱门为单体重复韵律形式，两层表皮互相交错，形成多种分组重复韵

图 4-62 不同属性分组重复排列的韵律图形

律关系，该建筑只采用重复韵律这一单一构图手法创造立面形式效果。

三、元素的渐变韵律

渐变韵律与重复韵律的区别在于构图元素本身的属性（体量、颜色、尺寸等）和元素间距由定量转变为变量，且量的变化程度是依据一定规则产生的，由此产生的构图韵律感就是渐变韵律。与重复韵律一样，构图元素的渐变韵律也可以分为单体渐变韵律和分组渐变韵律两大类。分组渐变韵律中包含单体渐变韵律。

1. 元素单体渐变韵律

渐变韵律中的渐变关系遵循一定的数理关系：渐变排列韵律的产生与数学理论关系紧密，变量的规则可以是一个固定的增量（例如：a、$a+b$、$a+2b$、$a+3b$……），此时遵循等差数列原理；也可以是一个系数（例如：a、$2a$、$3a$、$4a$……），此时为等比数列关系；可以是一个参数（例如颜色的亮度值等）；或某定律（费纳波切数列等）等，相关内容参见第二章第二节。例如，图4-63所示的三组图例显示直线排列渐变韵律，其中图4-63a是在元素间距恒定为a的情况下通过元素自身高度逐个增加h来实现渐变韵律。图4-63b、c将元素尺度作为恒定值，通过改变间距的方式实现渐变韵律，但间距的变化控制规则有所区别。图4-63b的元素间距是增加固定值b，而图4-63c的元素间距则是以第一

个间距 a 为基准的倍数增加。由此可以得到以下结论：构图中的线形渐变韵律可以通过有规律的改变自身尺寸或改变元素间距来实现。

（1）间距渐变韵律实例　建筑立面设计中的门窗开洞形式、墙面划分、甚至层高划分都经常采用渐变韵律的构图手法，设计师使用该手法可在兼顾构图秩序的同时打破绝对对称关系，渐变关系同时赋予画面运动效果。如图 4-64 所示建筑是由俄罗斯建筑师尤里·鲍里索夫设计的莫斯科大都会购物中心，该建筑地处城市主干道与环路交叉口，建筑主入口正对十字路口，采用大面积拐角玻璃幕墙，形成建筑中心（图

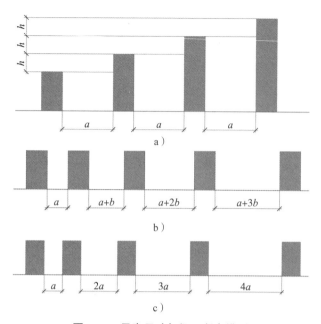

图 4-63　元素尺寸与间距渐变排列
a）间距恒定的渐变排列　b）元素尺寸恒定的渐变排列方式一
c）元素尺寸恒定的渐变排列方式二

4-64a），两侧立面水平向垂直沿两条道路展开，两侧立面设计中运用结构墙进行多次竖向划分，采用不同材质的菱形金属面板与玻璃幕填充划分区域，划分间距主要采用渐变韵律，以主入口为起点向两侧间距由疏到密（图 4-64 b），形成由中心向两边的拉伸感。该建筑为平顶设计，建筑各层高没有变化，因此渐变关系只存在于水平向间距，高度没有渐变关系，尽管如此，以主入口处为视点，两侧立面的透视效果经由渐变韵律而被加强。

通过该实例得出结论：建筑构图中元素间距的韵律关系加强构图透视效果，且使构图产生向一侧的运动感。

a）

b）

图 4-64　渐变韵律实例：莫斯科大都会购物中心
a）透视　b）局部立面

（2）尺寸渐变韵律实例　莫斯科大都会购物中心立面是非常直观的直线形渐变韵律，渐变元素与规则一目了然，而有些设计中的渐变韵律则隐含在建筑形式中。如图 4-65a 所示建筑是由建筑师 Takeshi Hosaka 设计的日本湘南基督教堂，该建筑立面墙体封闭（仅

一个门洞与开四个小窗洞），外墙面未做粉刷处理，保留水泥表面，屋顶采用非常规的波浪状，乍一看建筑中不存在韵律关系。但仔细观察，如图 4-65b 所示，其波浪状屋顶的每个波线弧度均是通过切圆的方式获得，每道波线由其切圆半径决定，因此屋顶整体形状是六个半径不一的圆互相叠加所产生的外轮廓线形状。屋顶左侧的三个辅助圆圆心在同一直线上，半径由内向外依次变大，后一个切圆的半径为前一个切圆的 1.5 倍，符合等比数列原则，1.5 则是数列公比，中间的波形线为两侧波形线的等比中项，最右侧两个辅助圆半径长度是 1：2 的关系。设计师通过等比数列和倍数两个数理关系使建筑屋顶部分产生良好的渐变韵律感。通过该实例得到以下结论：建筑构图中的渐变韵律可以通过控制辅助线尺寸与位置关系实现。

a）　　　　　　　　　　　b）

图 4-65　日本湘南基督教堂渐变韵律分析

a）立面　　　b）立面韵律分析

　　除尺寸与间距外通过改变构成元素的其他属性（例如色彩）也可以产生渐变韵律，如图 4-66a 所示构成元素尺寸一定，间距按照等差数列依次递增，产生间距渐变，在此基础上改变各元素色彩属性，使明度由左向右依次变小（即颜色越来越深），此时元素间的渐变韵律关系进一步加强。

　　如图 4-66b 所示，元素形状与间距相同，呈重复韵律关系排列时，按照相同方式自左向右改变元素明度，此时构图关系成为渐变韵律（色彩渐变韵律）。如图 4-67 所示为墨尔本贝克特大楼，该建筑曾经获得 2011 年澳大利亚住宅类建筑嘉奖，大楼主立面密布形状、尺寸相同的三角形彩色遮阳板，遮阳板选用红、黄、蓝、白、黑五种基础色，分别沿垂直、水平和对角线三个方向进行明度渐变排列，产生不同方向的色彩渐变韵律。结论如下：建筑构图中构成元素的色彩明度渐变可以使构图整体产生渐变韵律。

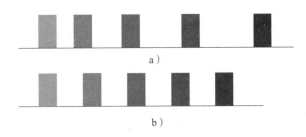

a）

b）

图 4-66　元素色彩渐变韵律

a）间距渐变时的颜色渐变　　b）间距恒定时的颜色渐变

a）   b）

图 4-67 墨尔本贝克特大楼立面元素渐变排列韵律

a）墨尔本贝克特大楼立面 b）墨尔本贝克特大楼立面构成元素

  上述几个案例都是建筑外立面中的渐变韵律构图。建筑空间与室内设计中也同样可以运用渐变韵律构图方法。

  如图 4-68a 所示是由 DEEPArchitects 建筑工作室设计的北京 798 酒吧中可变形吧台景观墙设计。该景观墙由金属材质竖直向线形构件自左向右沿水平向阵列式布局，线形构件可手动上下调节，构件之间互相联动，调节过程景观墙面呈现双曲抛物线形肌理变化（图 4-68b），该肌理效果的立面呈现位置上的渐变韵律。

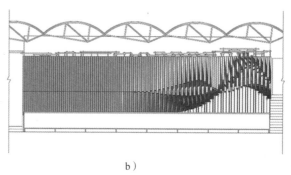

a）   b）

图 4-68 建筑构图中的曲线形渐进排列韵律实例

a）北京 798 可变形的酒吧吧台景观墙透视图 b）立面分析图

  建筑平面与空间构图中同样存在渐变韵律，如图 4-69a 所示是由 Radoslav Ruk 设计的乌克兰圣三一教堂方案。该教堂主体平面由沿螺旋线方向由内而外依次增大的七个三角形空间构成，面积变化具有渐变增大韵律。与上述几个案例的另一个区别在于渐变方向不在直线上，而是在螺旋线上（图 4-69b）。圣三一教堂内各空间高度同样按照渐变关系自内向外螺旋式升高，依然符合渐变韵律。

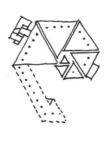

a)　　　　　　　　　　　　　　　　　　　　b)

图 4-69　建筑平面与空间构图中的渐变韵律实例：乌克兰圣三一教堂

a）立面图　b）平面图

由此得出结论：建筑构图中的渐变韵律不仅限于直线形排列，包括螺旋线在内的曲线上也能产生渐变韵律构图关系。

2. 元素分组渐变韵律

元素分组渐变韵律中通常都包含有单体渐变韵律关系，但基于完形心理学中"相似性原则"、"接近性原则"和"连续原则"，存在属性关联的元素视觉通常会将其进行自动分组，并观察分组后的韵律关系，而其单体的关系则会忽略（详情参见第二章第二节的相关内容）。如图 4-70 与图 4-71 所示的两组构图中，其基本元素都分为三种，每种有三个，单体元素之间同时存在重复韵律和渐变韵律关系，但视觉上却倾向于先将相同且相邻的三个元素进行组合，以组为单位观察组与组之间的等距尺寸渐变韵律（图4-70）和尺寸与间距渐变韵律（4-71）。

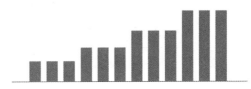

图 4-70　同属性元素临近分组递进式排列方式一　　　**图 4-71　同属性元素临近分组递进式排列方式二**

由此总结出：如图 4-70 所示案例中存在两种韵律关系：组内元素的重复韵律和组与组之间的尺寸渐变韵律；如图 4-71 所示案例中存在的韵律关系有：组内元素的重复韵律和组与组之间的尺寸和间距渐变韵律。

分组渐变韵律中的韵律关系同样应符合数理关系。图 4-70 案例中的每组元素高度尺寸间是公比为 1.3 的等比数列关系；图 4-71 案例中的每组元素高度尺寸间也是公比为 1.3 的等比数列关系，组与组之间间距满足公比 2 的等比数列关系。

由此得出结论：存在分组渐变韵律的构图中一定还有单体韵律关系，基于完形心理学理论，此时的分组韵律关系强于单体韵律关系；分组渐变韵律构图中的渐变遵循一定的数理关系（等比、等差、费纳波切数列等）。

四、元素韵律穿插

元素单体渐变与分组渐变韵律都是非常直观的渐变关系，通过完形心理的"接近原则"，视觉直接捕捉渐变规律。建筑设计与城市规划中根据设计需求，各种韵律关系可以反复组合使用。元素韵律穿插是韵律组合的一种形式，通过多种不同韵律关系的穿插甚至可以产生新的韵律关系。

如图 4-72 所示是两种不同尺寸元素形成的两组单体重复韵律的穿插构图。两组重复韵律中元素尺寸、数量和间距都不相同。因完形心理学"相似原则"，穿插后各自仍然保留原有的重复韵律关系，但相邻两个不同属相元素之间的间距确因穿插产生了新的渐变韵律关系，并由此产生更突出的中心镜像对称构图（参见该章第五节相关内容）。

图 4-72　重复韵律穿插

如图 4-73 所示为两组间距渐变韵律构图，其中每组元素尺寸和间距均存在各自的渐变韵律关系，且两组韵律的渐变方向一致（间距从左向右逐渐变小）。此时两组元素穿插同样产生相邻（不同属性）元素间新的间距渐变韵律。

如图 4-74 所示两组不同属性元素也都存在间距渐变韵律，但两组元素的渐变韵律方向相反（一组从左向右逐渐变大，一组从右向左逐渐变大），此时两组渐变韵律穿插组合时并未产生新的韵律关系，甚至每组各自的渐变韵律关系效果被削弱。

图 4-73　渐变韵律穿插（方式一）　　　　**图 4-74　渐变韵律穿插（方式二）**

根据上述例子可以得到韵律穿插的基本分类及其特点：

1）重复韵律穿插，保留重复韵律关系的同时产生新的渐变韵律关系。

2）渐变韵律同向穿插，保留渐变韵律关系的同时产生新的渐变韵律关系。

3）渐变韵律反向穿插，原有渐变韵律关系被削弱，且一般不会产生新的韵律关系。

除单体韵律外，组合韵律也可以存在穿插关系，如图 4-75 所示原有白色元素间是分组数量渐变韵律，而黑色元素为单体间距渐变韵律，两组穿插组合后形成重复韵律构图。

图 4-75　渐变韵律穿插（方式三）

根据上述例子可得出如下结论：

1）元素韵律穿插可以是重复韵律间的穿插、渐进韵律间的穿插、重复与渐进韵律间的穿插，甚至是分组韵律间的穿插。

2）穿插过程中重复与渐变韵律能互相转换。

3）韵律方向一致的穿插使原有韵律关系可以进一步增强。

4）韵律方向相反的穿插使原有韵律关系被削弱，产生"无序中蕴含有序"的构图效果。

如图 4-76 所示建筑是由 Imagine Architects 设计建造的江西婺源菜籽油工厂设计方案，该设计采用地域化建筑风格与材料，兼顾生产工艺的同时注重自然环境与人文环境的和谐。厂房主体部分为长 160m、宽 13m、高 5~10m 的"Z"字形折线建筑，建筑立面开各种大小的正方形窗洞，保证室内空气流通与良好的光环境，窗洞的布置原则遵循重复与渐变韵律相互穿插的形式，产生"无序中的序列感"。

图 4-76　婺源菜籽油工厂各立面开窗的渐变韵律

第五节　对称与非对称

稳定感是人类生活于自然，观察自然而形成的一种视觉习惯和审美观念。凡符合稳定性的造型艺术被认为是拥有美感的。建筑为人所居，为人所用，因此稳定性是建筑构图中需要着重考虑的构图要素，均衡与对称本不是一个概念，但两者具有内在的统一性——稳定，因此对称与均衡是建筑构图的重要手段，也是建筑构图基础。

正是因为都提供稳定性，因此有些文献认为对称是均衡的一种特殊形式，对称构图一定是均衡构图。也有些文献则将其明确区分，将均衡定义为"非对称"。本书重点研究建筑构图原理与方法，因此倾向于后一种分类方式，将二者作为两种手法分别讲解，本节提到的非对称就是均衡构图的运用方法。

一、对称

1. 对称的认识

对称是指物体、形态的构图关系沿中心或中心轴对立的两部分在大小、形状、数量、色彩、排列方式等属性上具有的一一对应的关系。对称的概念早在建筑与视觉艺术产生前已被人们所认知。例如，人的身体和面部器官沿过鼻尖与肚脐的垂直向轴线分为左右两部分，两部分基本相同，这是人体的对称，如图4-77所示。对称的英文"Symmetry"在《简明不列颠百科全书》卷二中的解释原指：动植物的体外部分有规则地并以可以预告的形式重复出现的现象，尤指在一分割线的相对侧或在中心轴或中心点周围，身体各部分的大小、形状与相对应的位置表现一致的现象（《简明不列颠百科全书》卷二，中国大百科全书出版社，1985.7）。

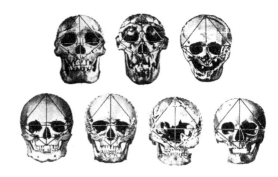

图4-77 世界各人种各个时期人头骨的对称性对比

古代西方社会认为人是神根据自己的形象创造出来的，认为人体是完美的，因此人体的对称关系使其认识到对称的美感。Jay Hambdge于1978年编写的《Elemens of Dynamic Symmetry》一书中指出："一直以来，自然界的一切生物的美都与对称有很大关系。从人的身体结构上可以看到（例如两只眼睛、两个耳朵、两只手、两只脚），在动物及植物身上也能找到。自然界物体的对称，多半是地心引力造成，'平均'形状则是由繁殖的融合基因信息所产生。"西方建筑史任何时期的建筑都体现出对称的构图关系，古希腊的帕提农神庙立面，哥特式的科隆大教堂，巴洛克的圣卡罗大教堂在立面与平面设计中都采用对称的构图手法。

中国传统建筑通常也讲究中轴对称的关系，故宫的总体布局沿一条中轴贯穿，三大殿、后三宫、御花园都位于这条中轴线上。中轴两侧对称分布各类殿宇。中国传统四合院布局也大都遵循对称原则，正房、后罩房位于中轴线，厢房、角院、耳房沿轴线对称布置。中国传统建筑不仅布

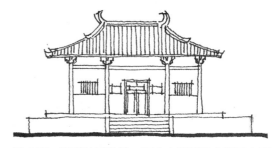

图4-78 建筑的对称性：五台山南禅寺大殿正立面

局讲究对称，建筑立面设计中也大多采用对称式构图。如图4-78所示建筑为五台山南禅寺大殿，该建筑位于山西省五台县城西南，是我国现存最早的木结构建筑，大殿单檐歇山顶，平面正方形，面阔进深各三间，通面阔11.75m，进深10m。殿四周施檐柱12根，西山施抹楞方柱3根。殿顶举折平缓，总举高为前后撩檐槫之间的1/5.15，即19.4%。檐出部分仅施檐椽一层，不加飞椽。翼角处大角梁通达内外，无子角梁，平直古朴。整座建筑平面布局与立面设计均体现对称原则。

2. 建筑设计中对称构图的产生原因

建筑设计中对称关系的出现有其必然性，建筑的稳定性也绝非只是视觉需求，对称在其基本三要素（形式、结构与功能）中都发挥着重要作用。

（1）结构需求　结构静定是建筑稳固的基础，对称的结构是最容易达到静定效果的结构形式，世界各地古典建筑中采用对称形式，也是因为古代建筑技术与材料科学的局限，只有通过对称的形式才能达到结构的稳定与坚固。

在建造技术大大发展的今天，对称结构依然是结构设计的首选。我国颁布的《建筑抗震设计规范》中的若干推荐性条文中多处建议使用对称结构体系。例如，"建筑及其抗侧力结构的平面布置宜规则、对称，并应具有良好的整体性；建筑的立面和竖向剖面宜规则，……"（《建筑抗震设计规范》第 3.4.2 条）；"……框支层的平面布置尚宜对称，且宜设抗震筒体"（《建筑抗震设计规范》第 6.1.9 条）；"多层砌体房屋的结构体系，纵横墙的布置宜均匀对称，沿平面内宜对齐，沿竖向应上下连续；同一轴线上的窗间墙宽度宜均匀"《建筑抗震设计规范》第 7.1.7 条）。

（2）功能与空间需求　芝加哥学派代表人物沙里宁提出"功能决定形式"。功能同样决定空间，合理的功能流线是适宜空间的先决条件。如图 4-79a 所示建筑是由俄罗斯建筑师叶甫盖尼·科拉西莫夫设计的"玛格丽特"住宅大厦，该建筑坐落于涅瓦河沿岸，设计师形容这座 23 层住宅建筑："中心对称的凹字形建筑围合出居民的活动空间，平面中轴线垂直于涅瓦河的一侧河岸，给予大多数住户最佳的观景视角。"从设计师的陈述看出他追求的对称式平面是为了将居住功能更好地置于河岸的最佳位置，创造规整的半围合庭院空间，同时建筑的对称平面使交通疏散空间的布局也更加合理。

公共建筑依据功能需要的对称式平面内布局更加常见。运动场地的形式大多为对称式（足球场、篮球场等），因此体育类设施的平面形式大多据此设计为对称式。其他公共建筑很多也都根据功能需求布置为对称式平面，如图 4-79b 所示建筑是位于郑州市金水路上的河南出版大厦，该建筑由意大利纳塔里尼建筑事务所与郑州大学综合设计研究院共同设计完成，平面布局基础为九宫格，根据出版类办公建筑功能空间需求进行拉伸，形成中轴对称的"工"字形平面，沿轴线划分出四个面积相等的功能分区，每个分区设置对应的竖向交通，与中间的两部交通形成每个分区双向疏散，"工"字对称的四翼拉开足够距离，保证每个区域都能获得自然通风和良好采光。

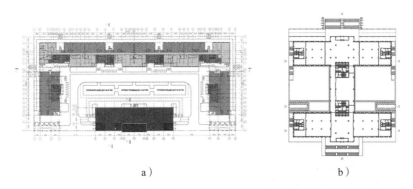

a）　　　　　　　　　　　　b）

图 4-79　依据功能需求的对称式平面布局实例
a）俄罗斯圣彼得堡"玛格丽特"住宅大厦平面　b）河南出版大厦平面

（3）形式需求　上一部分对称的认知中已经提到，建筑形式对称可以给视觉带来稳定感，因此建筑构图的基本形式通常是对称的基本几何形状：矩形、正方形、圆形、椭圆形、等腰三角形。且人视觉上认为美的形式通常也都体现出对称的属性，例如黄金分割矩形、各种根号矩形、埃及三角形等。

3. 对称的分类与应用

对称可以分为平面对称（二维对称）和空间对称（三维对称），又可以分为六大类型：镜像对称、平移对称、旋转对称、对角线对称、螺旋对称和组合对称。

（1）镜像对称　是最常见的对称类型，是指对象元素沿中轴线或镜像轴线反射出一个与之相反的形象，对象元素与反射出的相反形象产生镜像对称关系（图4-80a）。如图4-77中的人类头骨，自然界中有机生物的对称形象一般都是镜像对称。

（2）平移对称　相同元素出现在空间中不同区域，平移对称可看作是两个元素的重复韵律（图4-80b）。维持元素的基本定位，平移对称的发生不限方向、不限距离。

（3）旋转对称　是指相同元素绕中心点旋转所产生的重复排列关系（图4-80c）。确定基础元素和对称中心，旋转对称可以不限角度、不限频率产生。旋转对称与其他对称形式的最根本区别是其他对称都是轴线对称，而旋转对称是中心点对称。自然界中也常见旋转对称形式，例如，花瓣的形状。

（4）对角线对称　如图4-80d所示，形状被其对角线分割为两部分，两部分属性相同时，该图形称为对角线对称图形，对角线图形通常是内角数量大于4个且为偶数，对边平行相等的图形，如正方形、长方形、正六边形等。通常情况下对角线对称图形同时也是镜像对称图形。

（5）螺旋对称　如图4-80e所示，元素沿一条轴线螺旋状旋转移动所产生的排列关系。例如建筑构件中的旋转楼梯是踏步的螺旋对称排列。

（6）组合对称　构图中两种以上构图形式同时出现的形式，如图4-80f所示是旋转加平移的组合对称形式，还有例如旋转加镜像、对角线加平移等对称形式。

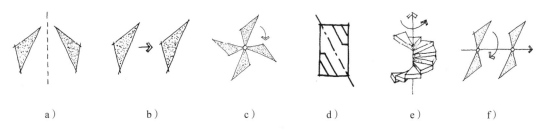

a）　　　　　b）　　　　　c）　　　　　d）　　　　　e）　　　　　f）

图 4-80　对称的分类

a）镜像对称　b）平移对称　c）旋转对称　d）对角线对称　e）螺旋对称　f）组合对称

4. 建筑构图对称实例分析

作为哥特式建筑的代表作，巴黎圣母院已被多次提及。巴黎圣母院的立面设计中除具有完美的构图比例外，还蕴含着多种对称关系（图4-81）：立面两座塔楼沿中轴线镜像对称；立面中心圆形玫瑰窗花纹呈旋转对称；上部的尖券装饰与尖券窗则是平移对称形式。

俄罗斯科学院生物有机化学研究院位于莫斯科市，由苏联建筑师米尤里·普拉多诺夫设计于20世纪70年代中期，建筑于1984年竣工，是苏联具有代表性的现代主义建筑，该建筑的设计风格体现建筑师尊重材料自身属性及其质感的表达，建筑主体采用三种基本材料：混凝土、金属和玻璃，整座建筑外墙面不做刻意粉饰，保留混凝土特有的粗糙质感，立面窗洞整齐严谨，衬托建筑尺度感。室内空间通过面砖、金属与玻璃的结合形式，光滑且流线感强，与室外墙体地面的粗野风格形成鲜明对照。如图4-82所示，建筑整体布局秩序井然，轴线分明。建筑沿东西向中轴线镜像对称，围合的三个菱形内庭院（内庭院地面为下层裙房屋顶）被轴线串联，同时呈现对角线对称的格局。除布局外，建筑立面、室内空间和出入口处理均采用中轴镜像对称构图方式。

图 4-81 巴黎圣母院立面上的三种对称方式

图 4-82 俄罗斯科学院生物有机化学研究院

如图 4-83 所示为美国内华达州木螺旋体瞭望台，是由 Erich Remash Architect 为 Burning Man 狂欢节设计搭建。该设计采用类似脱氧核糖核酸的双螺旋曲线外形，高 7.5m 的全木结构构造物。通过普通材料螺旋对称的搭建方式使其成为一个可攀爬的标志性雕塑，不仅提供良好的视野，也成为一个聚集和玩耍的参照点。

图 4-83　美国内华达州木螺旋体瞭望台

二、非对称

对称以外的所有构图形式都可以称为非对称构图。前文提到"稳定感"是建筑构图的基础，既拥有"稳定感"又不完全对称的形式称为均衡。

维特鲁威在《建筑十书》的第一书第二章中谈到建筑的六个基本要素中提到均衡（Symmetry）的概念。均衡是与对称相对应，视觉要素中一切合理的和"美观"的构图形式都属于均衡形式。而对称理论上也属于特殊的严格意义的均衡，是要求同质、同形、同量，是绝对的平衡。均衡是普遍存在着的自然的常见的平衡，它可以异形同量，甚至异形异量，上下或左右两部分形体不必等同，量上大体相当，或差异悬殊，然而，必须在人的视觉心理上均势平衡，这是所谓的"中国杆秤"式的平衡。例如，用天平去称量蔬菜，天平的一端是金属砝码，另一端是蔬菜，由于密度的巨大差异，尽管两端的物体形状、数量、颜色、大小等因素都存在巨大差异，但天平却保持平衡。

上述例子是客观上的均衡，人的视觉也存在均衡要素。世界绘画名作中，百分之九十以上的作品都具有均衡的构图，建筑设计中，优秀的设计作品构图如果不对称，就一定是均衡的。

影响人视觉均衡感的主要因素有：质量、数量、色彩、远近、体量。受长期审美经验的影响，从视觉心理上大的重于小的，色彩艳丽的重于灰暗的，近处的重于远处的，深色底上浅色的重，浅色底上深色的重。

从形式上看，均衡是对对称的对立和破坏，然而，轴线或支点两边，虽不等形，却等量、等力。这种异形但等量等力的关系，就隐含着均衡原则。建筑设计中的均衡无法用数理的方法去定量和测量，而需要靠视觉心理来感受，其本质是视觉心理上形、量、力的平衡关系。建筑构图中的均衡可以体现在立面构图、平面构图、城市规划等方面。具体可以分为以下几类：

（1）体量均衡 形态上可能存在较大差异，但体量从视觉感受上基本相同的均衡。古典建筑无论中外基本都是以对称性的构图方式为主，但是也有少量古典主义建筑打破对称性，将均衡的构图巧妙运用于设计。

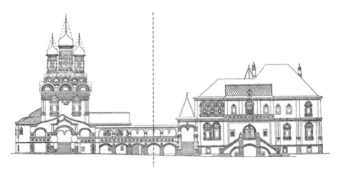

图 4-84 俄罗斯阿维利亚宫立面均衡性分析

以俄罗斯阿维利亚宫为例，该宫殿从 17 世纪起开始修建，整个设计建造过程分多次进行了接近一个世纪，建筑形式在各个时期反复变更，导致平面和立面均失去预想的对称关系。尤其是立面形式：西侧高耸的宫殿部分屋顶是典型的东正教穹顶，东侧宫殿则采用坡屋顶形式，建筑较西侧宫殿略显低矮，但东西部分体量相当，因此按视觉心理的假定轴线划分，建筑立面整体显得很均衡（图 4-84）。阿维利亚宫平面构图具有同样的均衡和谐效果，建筑东西两部分由一条细长柱廊连接，沿同一假定轴线位置在柱廊上将建筑一分为二，可以发现，该建筑东西两部分的平面面积基本相同，达到体量均衡效果（图 4-85）。正是由于建筑立面与平面构图都具有均衡性，使建筑整体达到构图的均衡效果。

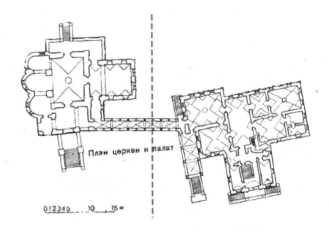

图 4-85 俄罗斯阿维利亚宫平面均衡性分析

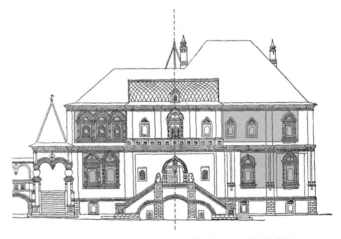

图 4-86 俄罗斯阿维利亚宫东殿立面均衡性分析

（2）数量均衡 依然以阿维利亚宫为例，如图 4-86 所示其东侧宫殿立面以入口中心线为视觉假定轴线，建筑左右两部分体量差异明显，但两部分主体部分门窗数量相同，因此也达到一定的均衡效果。但从视觉上数量相同或相似产生的均衡效果不明显。

（3）质量均衡 视觉上对质量感觉主要来自于材料与色彩，第二章第二节关于色彩感情的论述中提到，不同色彩带给观察者的不同的心理感受，色彩的色相与明度差异可以带给人不同的质量感。材质也具有视觉上的质量感，相同体积的金属比石块质量大，石块又比木材质量大，这是基于人们对于材质密度的经验所形成的固有印象。同时，因为同体积固体比液体的质量大，因此人们会认为不透光的材质比透光的材质质量大，虽然这种心理感觉有时是错觉（例如玻璃的密度要大于多数木材），但却是人真实的视觉感觉。

基于上述对色彩和材质的视觉感觉才有了质量均衡的概念。建筑设计中当构成体块的体量与数量都有差异而又希望达到构图均衡感时，可以采取质量均衡的构图手法。如图4-87所示建筑是位于白俄罗斯明斯克市基洛夫街的"基洛夫"商业中心改造项目，由白俄罗斯本土建筑师阿列克斯·基洪丘克设计完成，建筑立面分为两部分，体量略大的部分采用整体比例幕墙，轻盈通透,体量较小的部分在玻璃幕基础上增加实体墙面,增大质量感。建筑立面通过两部分的虚实关系差别平衡了体量差异，使整体达到质量均衡效果。

图 4-87　白俄罗斯明斯克市"基洛夫"商业中心

当代建筑形态也更加多元化，作为体现建筑稳定性的对称和均衡已不是衡量构图效果的唯一标准。随着建造工艺和水平的不断进步与完善，部分当代建筑师会可以创造非对称和非均衡的建筑形态体现建筑的特殊结构和科技含量，这会在下一节关于结构构图的内容中进行介绍。

第六节　结构与构件

结构是建筑的骨架，是支撑建筑的物质基础。追溯起源，历史上人类最初搭建的建筑就是建筑结构，建筑结构给人提供安全、可挡风避雨的场所，远古时期的建筑形态就是结构形态。随着人类文明的发展，建筑装饰性艺术开始兴起，结构与装饰开始分开讨论，结构被刻意隐藏（墙面的粉刷、吊顶隐藏屋架等）。在建筑史的很长一段时间内，结构变成制约形式的要素，很多建筑形式都受制于结构要求而无法实现。

结构对形式产生限制的首要原因是材料属性的限制。建筑材料拥有弹性、硬度、耐久性等不同属性，且所有材料都拥有一定的强度极限，如果超过这个极限，建筑材料的伸长会产生断裂或坍塌。受重力影响，建筑材料内应力随结构尺寸的增加而增大，因此所有材料都有其合理的尺寸，超出尺寸会造成建筑安全隐患。

除属性外，建筑比例也是形式的制约因素，因固有强度所限，材料都有合理的比例关系。例如，钢材的抗压和抗拉强度大，因此可以塑造成线形比例的柱和平板比例的平台楼板；石材的抗压力强，但抗剪力弱，因此适合块状的比例形式，在建筑中进行砌筑。

　　随着科技的发展，人类建造技术得以进度，当代建筑形态基本已经突破结构的限制，理论上建筑师能想到的形态基本都能通过技术手段加以实现，在此条件下，建筑结构在自身承重与围护作用基础上也发展为建筑形态的一部分。

1. 柱

　　柱是建筑结构与城市空间中的基本元素，其物理作用是连接屋顶与地面的构件，起到支撑屋顶的作用。建筑物中的柱应当具备保护性、安全性和稳定性。除了结构意义外柱还是构成空间的基本要素。柱因其所处位置和设计需求的不同而具有各种各样的形态（图 4-88）。柱子的长度、宽度、断面形状、表面材质、肌理、色泽都对建筑形态和空间氛围产生影响。柱子的排列方式也使建筑构图产生不同效果。

图 4-88　不同材质的柱的视觉感觉

　　柱依据作用分为以下几类：支柱、长柱、围柱、标志柱、列柱、装饰柱。支柱是承受建筑重量的基本要素。保障使用者安全是建筑的基本功能，支柱的作用就是从结构上给予建筑安全性和庇护性。长柱起到限定形态与空间高度的作用，出入口设置的长柱是空间中的标志性构成元素。围柱划定区域的范围，是一种虚化的空间围合形式，还能起到提高空间氛围的作用。标志柱一般是长柱的一种，作为标志性的构筑物常矗立在广场等开敞空间的中心，世界各地都不约而同采取这种构筑方式，如埃及的方尖塔、圣域的独立柱、我国的人民英雄纪念碑等，标志柱一般只关注其形态与外观，并注重这种标志性的垂直度。列柱沿建筑空间的轴线方向依次排列，显示方向，多用于建筑的出入口、外廊和回廊，营造曲径通幽的意向。装饰柱通过构图手法矗立于建筑立面、形体和空间中，提升建筑的整体氛围，起到装饰作用，这种柱式一般都拥有绚丽的表皮和独特的形式，反映各地不同的文化，讲述建筑属于自己的故事（图 4-89）。

图 4-89　不同形式与尺度的柱

2. 墙

墙是构建建筑内部空间的基本元素，通常所指的建筑围护结构就是墙，它将水平方向的连续空间沿垂直方向进行划分，墙的形式与建筑整体形态、尺度和空间需求密不可分的，外墙的形式有时也等同于建筑立面。

墙是区分内外的要素，一墙之隔可以有贫富差异，可以有文化差异，可以有地域差异，也可以有阶级差异；墙是防御的要素，保护一座宅院、一个村镇、一个城邦、甚至一个国家，坚固的墙体可有效阻挡外来的侵扰。

墙提供给建筑形态和空间一种秩序。墙体与地面相垂直，垂直面与水平面的关系有助于观察和认知周围环境。建筑内外墙和庭院墙，为空间划定层次，产生空间秩序。墙体的高矮变化，墙面门窗开洞的韵律使墙拥有了自己的秩序。

墙是建筑表皮的主要组成部分，墙的表现力决定建筑品质。墙面的大小、材质、墙面装饰又决定建筑表现力。例如，统一的砖墙、粗旷的实墙、通透的幕墙和清素的清水混凝土墙表现出了迥异的建筑风格（图 4-90）。

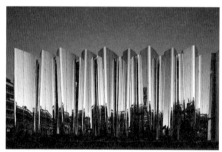

图 4-90　不同形式与材料的建筑墙面

墙同时也是建筑师和艺术家的画布，各式精美的涂鸦、壁画甚至投影的屏幕使墙面给人提供展示的舞台（图 4-91）。

图 4-91　洛杉矶 Robert F. Kennedy 社区学校的墙体彩绘

3. 门窗

门窗位于墙面上，可以看作墙体的一部分，墙面分割内外空间，门窗则从局部连通空间。门和窗从功能上有明显差别，门提供给使用者（人甚至牲畜）行动流线，而窗更多是给予视线的连通，并创造光与空气进出的通道。功能决定各种门、窗的尺寸和开启方式，而门、窗的形式又创造各异的建筑立面和空间（图 4-92）。

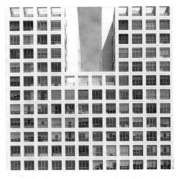

图 4-92 各种窗造就的创意建筑立面

门、窗给予室内空间自然光，光和影是一对"孪生兄妹"，而门、窗的开启方式、开启尺寸改变室内的进光量和光影效果，通过调节开窗大小和方式可以营造不同的建筑室内空间氛围（图 4-93）。

图 4-93 不同开窗方式创造的室内光影

门、窗是室内外环境交互的管道，开启方式与尺寸决定室内环境的优劣。人感觉舒适与否是由室内环境决定的，而通过开窗的方式与大小可以有效调节室内微环境。

门、窗也是室内的取景框，在玻璃出现以前，建筑墙体都是实的，门窗洞成为人从室内取景的唯一途径。中国传统园林中的月亮门，就是通过门的形式进行取景。精美的窗形和开窗位置使人从室内欣赏室外环境时有观画的错觉，所以有时窗的单位是"幅"（图 4-94）。

图 4-94 天津国际幼儿园开窗设计

门、窗构成了建筑立面与形态。从萨博亚府邸的连窗到梵斯瓦兹府邸的大玻璃窗，窗的材料和构造方式在发展，带给建筑结构更多的惊喜。

门、窗也成为建筑的象征和符号，中国的月亮门、高迪巴特略之家的"上帝门窗"、日本银阁寺的圆窗，门窗的一个剪影足以使人们辨识建筑，形状各异的门、窗为建筑物增添了艺术效果（图4-95）。

图4-95　具有标志性，识别性极强的门窗

门是室内外进出的通道，而窗是人与环境沟通的介质，如图4-96所示，人的视线通过窗搜索外界环境的变化，通过窗室内外的人进行交流，人注视窗外的一切，也无形中给予行走室外的人提供安全保证。

图4-96　人与外交沟通的渠道（吴小路拍摄）

4. 屋顶

建筑可以没有墙面，但是不能没有屋顶，人类最初的建筑就是一个类似屋顶的遮蔽物，用于遮风避雨。区别于墙面是垂直方向的面，屋顶多是水平向的。现代屋顶除最早防止风吹雨淋的作用外被赋予了更多的作用：阻隔噪声、遮蔽视线、抵御寒气、屋顶采光、创造形态等。

作为结构要素的屋顶，随着建筑史的演进已经发展出了越来越多的形式，中国传统屋顶除了平屋顶外还有悬山式和庑殿式等基本形式，随后发展出歇山式和攒尖顶式的屋顶形式。

世界各国文化千差万别，但建筑中大多以平屋顶、单坡顶和双坡顶作为屋顶的基本构造形式，同时，穹顶也在欧洲建筑史上占据着重要的地位（图4-97，图4-98）。而随着建筑技术的进步，屋面形式展现出前所未有的多样性，如图4-99所示是由埃罗·沙里宁设计建造的肯尼迪TWA航站楼，该建筑是形式与功能的完美结合体，建筑结构由四个Y字形钢筋混凝柱支撑四片薄壳体屋顶构成，创造出曲线轮廓有机外形的同时也满足候机厅的大空间功能需求。

除按照形式划分外，屋顶按特征还可分为五类：单一性屋顶、多重性屋顶、多样性屋顶、组合性屋顶及可附加性屋顶。单一性屋顶是指只拥有遮风避雨作用的单一功能屋顶，形式较为传统、简单；多重性屋顶是指由多个同一形状的屋顶重复组合而成的形式；多样性屋顶是指由多种不同形式组合成的屋顶形式；组合性屋顶是指既包含单纯和复杂要素，也需考虑形式关系（对称性和非对称性）的屋顶；可附加性屋顶是指赋予更多功能与形式的屋顶，例如屋顶绿化、屋顶平台、屋顶花园、屋顶游泳池等（图4-100），这样的方式产生了更多可利用空间，并产生灵动、贴近自然的建筑设计效果，但同时增加屋面结构层的设计要求：特殊的防水层、覆土层的设置等都增加技术操作上的难度。

图 4-97　佛罗伦萨大教堂穹顶

图 4-98　西双版纳傣族干阑式建筑屋顶形式

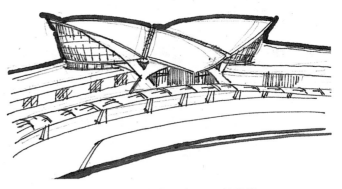

图 4-99　纽约肯尼迪 TWA 航站楼

图 4-100　可附加性屋顶实例

5. 台阶、坡道

环境与建筑室内之间的过渡区域（过渡空间）通常存在一定的高差变化（防止雨水倒灌），台阶和坡道是解决高差间空间联系和形体关系的有效手段。台阶与坡道主要包含以下特征：水平向与垂直向的交通联系；对环境及建筑观察点和观察角度的变化；场所的提供；充满期待与偶遇。

（1）水平向与垂直向的交通联系　台阶和坡道是建筑内人行竖向流线的载体，提供给使用者从一个建筑水平面到达另外一个水平面的路径。

（2）对环境及建筑观察点和观察角度的变化　台阶和坡道使人产生仰视和俯视两种不同视角，不同视角也改变人对环境和建筑体量的认知。仰视使被观察物显得高大，产生比实际尺寸大的尺度感；俯视的物体尺度比实际尺寸低矮，但观察视野更加开阔，可以看到更加全面的场景。

（3）场所的提供　当代建筑中的台阶与坡道是建筑的过渡空间（交通、出入口等），室内外空间和场所形式都可以是台阶或者坡道。例如，剧院、运动场、电影院的阶梯式座椅使后排视线不会受到干扰（图 4-101），台地景观与建筑使室外空间与地形合理融合。

图 4-101　各种室内外坡地与台阶的运用实例

（4）充满期待与偶遇　如图 4-102 所示，视线高度存在的水平向高差导致人在台阶和坡道上行走时的视线一直处于变化过程中，因此增加人与人视线相交的偶然性，这与有计划、有遇见性的交流是存在极大差别的。

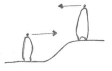

图 4-102　台阶与坡地导致的视线的偶然性

6. 廊、平台

廊与平台是交通过渡空间，同时也是人的休闲与观景空间。平台是高于地面的平面，位于屋顶的平台称为"屋顶平台"。平台也可以处于庭院中或者建筑前。

廊分为内廊与外廊，内廊主要作为交通空间，联系室内各个空间。外廊从结构看与柱有紧密的关系，因此也被称为"柱廊"，柱廊中的柱是支柱，用以支撑外廊的顶。廊与平台具有划分空间、休闲、交通联系、观景等四个主要功能（图 4-103）。

图 4-103　廊与平台的多少种形式

7. 地面

地面是构成建筑空间的主要要素和结构形式。在图样表达中平面图表达地面形式与材质以及其他各空间元素与地面的关系。自古以来为了防止雨水倒灌，人们会把建筑地面建造在相对较高的位置，这就使室内外高差产生。

地面是区域的象征，既是行为发生的区域，也是承载家具物品的场所。由于地面高差和选用材质的区别，建筑物的地面可分为院内与院外、起居与卧室等。一个建筑通常是各个空间的组合体，而即使同一水平面上不同空间依照其功能的需求地面也会存在明显的差异。如图 4-104 所示是由 Pascali Semerdjian Arquitetos 设计的巴

图 4-104　室内不同空间的地面形式划分

西圣保罗 Toy House，建筑室内两个功能分区的地面色泽与铺地材料差别明显，建筑师通过这种形式的区别创造空间的划分。

城市地面是环境的基面，也可以看作是室内地面的延伸。城市地面包括供车辆行驶与停留的地面（道路、停车场路面），和供人行走和驻足休息的场所地面（广场、公园、人行道等）。

第五章　建筑与建筑构图

第一节　立面构图

一、立面构图特征

通常情况下人对形体（建筑）是以人的不同视角进行观察的，因此肉眼所见的形体（建筑）都存在一定的透视关系，透视关系使人难以准确判断建筑真实尺寸和构成元素间的相互关系。建筑设计工作要求真实、准确无误的表达，建筑立面构图是在不考虑透视关系的前提下，真实反映建筑外部构成元素间关系的工具，因此立面构图的训练必不可少。

立面构图与立体构图、空间构图研究范围和内容的差异如下：

1）立面构图研究建筑形体二维立面上竖向与横向的构图方式和原则，立体造型或者建筑三维空间深度中的构图关系不作为研究对象。

从数学角度阐述就是：立面构图重点研究三维轴向空间内 X 与 Y 轴相交面上垂直投影间的构图方式与原则。

2）立面构图不考虑各元素的透视关系和人眼观察带来的视觉变形。

立面构图在建筑设计中的适用范围：

1）建筑物或者构筑物面向广场、街道的正、侧立面设计或其他表现力强的立面设计。

2）建筑物或构筑物局部或者节点的立面表达。如图 5-1 所示是 Robert M. Gurney 设计的莫西干山地住宅，其中主立面明确表达元素属性（出入口、开窗、墙面材质、色彩）的构图关系（图 5-1a），而局部立面侧重表达出入口形式及细部处理方式（图 5-1b）。

a）　　　　　　　　　　　　　　　　　　　b）

图 5-1　莫西干山地住宅

a）建筑主立面　b）建筑局部立面

3）建筑群、组团或者景观带某一角度的立面布局与设计。如图 5-2 所示的晋东南民居建筑群立面，将沿街建筑群的立面系统性表述，通过建筑群立面清晰反映沿街建筑与建筑之间的关系、建筑地面高差关系以及建筑立面构件与建筑整体的关系。

图 5-2　晋东南民居建筑群沿街立面

二、立面构图中的构成元素关系

建筑立面形式是由构成元素的自身属性和元素间的关系所决定的。建筑立面的构成元素按照形态可以分为点元素、线元素、面元素三类（详情见本书第三章第二节的相关内容）；按照结构可以分为墙、门、窗、柱、屋顶、装饰性构件等。无论元素如何分类，立面构图的元素之间都拥有以下六种关系：数量关系、位置关系、层次关系、形状关系、均衡关系、比例关系。

1.元素的数量关系

建筑史的发展历程中立面构成元素数量经历了"由少到多又到少"的发展过程。远古时期各地的建筑是为满足使用者的基本安全和生活需要所搭建，因此立面基本是只由简单的结构元素组成，如河姆渡原始居民搭建的草棚，其立面元素仅有支撑屋顶的垂直向的柱和茅草屋顶。随着历史的发展，人们的物质生活水平和建造技术都得到极大提高，世界各地建筑的结构样式更加丰富，各种墙体、屋顶、柱梁结构都产生了多种形式组合，建筑立面构图元素数量随之增加。随后立面装饰艺术出现，使立面元素中除结构元素外增加了装饰元素，数量进一步增加。现代建筑设计秉承形式追随功能，结构决定形式的务实态度，抛弃了古典建筑中繁复的装饰，建筑更加追求纯粹的结构、空间与功能之美，立面构成元素数量也有所减少（图 5-3）。

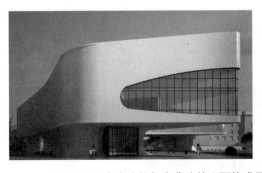

图 5-3　当代建筑与古典建筑立面构成元素数量对比

当代建筑结构更加复杂，设计手法也更加丰富，立面构成元素的数量关系由结构元素、功能元素和空间元素的数量所共同决定。

2. 元素间的位置关系

元素之间的组合方式是评判立面构图效果优劣的重要因素，元素间的位置关系是组合方式的主要内容之一。位置包括绝对位置和相对位置，绝对位置主要是指物体的坐标位置，是物体的自身属性，而相对位置则是物体与物体间的相对位置关系，本小节阐述的就是元素间的相对位置关系。立面构成元素间最典型的位置关系有以下几种：

（1）彼此分离　元素间存在一定间距、彼此保持独立，此时元素间存在疏远感。在建筑立面构图中可以是体块间的彼此分离，也可以是构件元素的彼此分离。立面中体块元素间的分离使观察者联想到建筑空间之间的独立性，而构件元素的彼此分离有时会产生立面构图的韵律关系（图5-4）。

图5-4　建筑立面元素间的彼此分离关系

（2）相互接触　立面构成元素之间共享临边，此时的间距可看作零。立面元素的接触可分为整边接触、部分接触、多边接触等，元素间的相互接触关系使观察者感觉建筑形式集中、空间关系紧密。如图5-5所示是由法国建筑大师让·努维尔设计建造的塞浦路斯天然遮阳板大厦。该建筑位于塞浦路斯尼科西亚，建筑外立面分布着大小不等、疏密不均窗洞，给室内提供良好采光的同时，为建筑内部绿植的生长提供阳光和生长空间（植物透过部分孔洞向室外生长）。建筑高度为67m，植物的透绿化生长使整个建筑仿佛成为城市中的巨大花瓶。该建筑功能集合居住、办公、商业于一身，成为地区地标。立面上密布的开孔使其更加适应当地的地中海气候，开孔与植物交替组合，也起到夏季遮阳的作用。

a）　　　　　　　　　　　　　　b）

图5-5　塞浦路斯天然遮阳板大厦立面

a）建筑正立面　b）局部立面

如图 5-5b 所示，通过观察可以发现其开洞的构图方式有彼此分离和相互接触两类：较小的采光窗洞彼此分离散布，使室内采光更加均匀；植物的采光窗洞则大小交替、多边相互接触，集中布置于建筑立面的中轴线位置，透绿部分在立面形成集中的垂直绿化覆盖，成为一条不规则的"绿轴"。该处理手法也符合完形心理学的接近分组原则。

相互接触位置关系根据邻边（或共边）位置又可以分为左右相邻与上下叠加两种。如图 5-6a 所示，顾名思义，左右相邻是指元素水平放置，彼此共用邻边或邻边紧贴，是构成元素间水平向的紧密位置关系。上下叠加是指元素上下垂直方式，底边与定边紧贴或共用底边（顶边），是构成元素间垂直向的紧密位置关系。

如图 5-6b 中的建筑是廊坊二条沿街西段传统建筑立面形式。该组建筑功能上多为"前店后宅"或"下店上宅"，建筑之间水平向彼此接触，形成连续沿街立面轮廓线，其中个别"下店上宅"式两层以上建筑高度相对突出，具有上下叠加的构图位置关系。

图 5-6　左右相邻与上下叠加位置关系及其实例
a）左右相邻与上下叠加位置关系　b）廊坊二条沿街西段商居建筑南立面

任何物体都受地球引力的影响，重力垂直向下，因此视觉观察形体间存在上下叠加关系时，会感觉处于下方的形体受到来自上方形体的压力，上方形体的体积和质量越大，下方形体所受的压力越大。基于这种常识性认识，使人们感觉上下叠加的位置关系比左右相邻的位置关系更加紧密。

元素的上下叠加关系也可以有多种分类方式。按具体位置关系分为中轴叠加与非中轴叠加。按元素尺寸关系可以分为相同元素叠加、上大下小叠加和上小下大叠加。

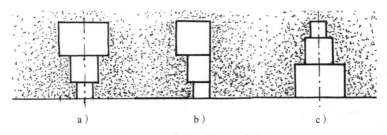

图 5-7　形体竖向叠加组合方式
a）中轴上大下小叠加　b）非中轴上大下小叠加　c）中轴上小下大叠加

如图 5-6a、图 5-7a、图 5-7c 中的元素都是沿垂直向中轴线上下叠加的。中轴线叠加关系的立面构图是对称构图，视觉稳定性强，其中视觉稳定性最佳的是图 5-7c 中轴上小

下大叠加关系。图 5-7b 非中轴上
大下小的叠加方式视觉稳定性最
差，但此种构图关系使构图产生倾
斜动感。受重力向下的习惯影响，
视觉会感觉中轴上大下小的元素
叠加方式具有向下的运动感（压迫
感），如图 5-8 所示柯布西耶设计

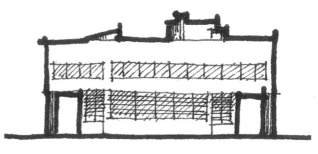

图 5-8　萨伏耶住宅立面

的萨伏耶住宅立面就采用这样的构图方式。

　　两层以上建筑都存在上下叠加关系，但有些建筑会通过立面处理可以隐藏这样的关系，使建筑立面更富于整体性。建筑立面构图中的叠加元素可以是建筑体块，也可以是建筑构件（门、窗、细部等）。体块间的叠加，建筑稳定性更加突出，这样的稳定性不仅在立面构图中，立体构图中同样具备。

　　如图 5-9 所示为澳大利亚集装箱住宅。该项目由 Austin Maynard Architects 设计建造，建筑由三个集装箱体相互叠加而成，底部两个箱体平行交错摆放，二层为一个集装箱体横跨叠加，此种叠加构图方式使原本结构薄弱的轻型箱体结构显得稳定。庭院宽敞，拥有私人泳池和家庭有了空间，住宅每个箱体两侧立面均安装通透大玻璃幕，室内采光充足的同时，内外空间视线通透、环境交互。一层两个箱体中间由一条"小路"相连接，既能很好地分割区域，同时又让两个空间不会完全地封闭。建筑内部空间由金属楼梯相互连接，安全牢固，同时让阳光穿行无阻，每个功能区相互联系却又不会显得繁杂。

图 5-9　墨尔本箱体住宅立面

　　（3）穿插　穿插是指元素互相贯穿到彼此的空间内，或次要元素插入于主要元素中的立面形态，穿插元素可以是一个或者多个，元素间的紧密关系进一步加强，可以联想到其空间上的交叉。

如图 5-10 所示为葡萄牙希拉自由市立图书馆。根据图 5-10b 所示，该方案是一个改造方案，建筑紧挨城市道路一侧，为使路对面到访者无需穿行道路，可以直接通过廊道进入建筑内部，建筑师设计了一条长达 20 多 m 的"空中廊道"横跨道路上空，连接起图书馆的四层与对面的垂直交通楼。就构图而言，这个室外交通空间（"空中廊道"）插入建筑体块内，这种室内空间与过渡空间的穿插在建筑立面中也得以体现（图 5-10a）。

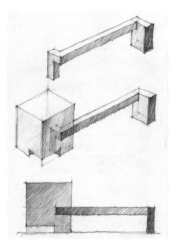

a）　　　　　　　　　　　　　　　　　　　　b）

图 5-10　葡萄牙希拉自由市立图书馆立面
a）建筑侧立面　b）概念草图

（4）融合　大体量的元素中融入一个或者一个以上小元素，使小元素失去与外部空间的联系（图 5-11），融合也可看作是穿插的一种形式，在此情况下，给观察者带来的视觉感受是小体量的元素属于大体量元素的一部分。

图 5-11　立面构图中的融合

以上几种元素间位置关系在实际建筑设计中通常会同时出现，几种关系相互影响，共同创造立面的完整性（统一性）与关联性。例如荷兰风格派代表建筑师格里特·里特维尔德（Gerrit Rietveld）于 1924 年设计建造的施罗德住宅（Rietveld Schröderhuis）（图5-12），保罗·欧沃里的著作《里特维尔德的施罗德住宅》对其建筑特点进行详细阐述，认为该建筑极其注重空间、造型与立面的表现力，尤其是对于过渡空间的处理："这些过渡性的元素，诸如屋檐、阳台、支柱、栏杆、门框和窗框，它们联系着室内外。这些要素根据空间的布置和功能以及光线以不同的方式形成室内外的过渡"。也正是这些过渡空间的塑造，在建筑立面上产生了不同的元素位置关系：融合、穿插、分离与叠加。

图 5-12　施罗德住宅

3. 元素间的空间层次关系

当形体元素的空间位置处在平面内同一直线上时，立面元素间不存在景深关系，元素立面也不会出现重叠关系，元素给人的视觉感觉相似（图5-13）。当形体元素的空间位置位于平面内不同直线上时，立面元素在视觉上存在景深关系，其整体立面布局中可能出现元素的重叠关系，元素彼此关系更加紧密且复杂（图5-14），此时离观察点近的元素比距离远的更突出。

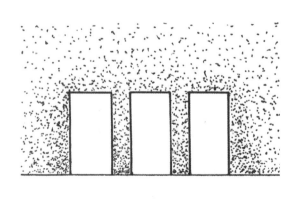

图 5-13　无空间层次关系的立面构图

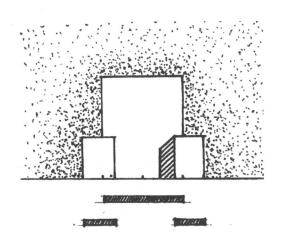

图 5-14 有空间层次关系的立面构图

元素存在空间层次关系时，整体立面带给观察者明显的凹凸感。如施罗德住宅
（Rietveld Schröderhuis）所示，建筑中不同的空间关系（特别是过渡空间与使用空间的穿插）
提供给建筑立面丰富的层次感。这种层次感创造出立面的光影效果，而光影效果又强化
了建筑立面的凹凸。详情参见第二章第一节中关于光、影的相关介绍。

上述例子展现的是建筑自身形体的空间层次。建筑立面构图中的层次也可以通过
建筑表皮的空间关系得以呈现。图 5-15 所示的建筑是坐落于美国加州洛杉矶好莱坞的
Formosa 1140 公寓。该建筑由 11 个单元组成，内部包含大量公共社交及活动空间，成
为一座融入城市的综合体，而非单纯的封闭式住宅楼。设计团队是来自美国的 Lorcan
O'Herlihy Architects，建筑外表面安装了大量红色的金属遮阳板及走廊护栏，为建筑注
入热烈的视觉感受，提升了西部好莱坞的活力。这些金属构件之间相互交叠，与原有的
外廊、阳台形成凹凸层次感，凹凸中又创造出良好的自遮阳效果。同时遮阳板虚实穿插，
产生丰富的光影效果，改变了立面各部分明暗。

图 5-15 美国 Formosa 1140 公寓建筑外立面

4. 元素形状关系

构图学认为建筑立面形态都可以分解为二维几何形状的组合关系，形状和其组合关

系应尽量遵循几何要素原理及其组成关系。详情参见第二章第二节的相关论述。图 5-16 所示的完整的建筑立面构图可以分解为由 3 个矩形和两个线形元素构成的整体。

图 5-16　建筑立面构图中的基本几何形状关系

当构成元素中有一个是主体元素，其他元素均被其包容时，主体元素的立面轮廓形状就是立面形状（图 5-17）。建筑轮廓可有效反映建筑与建筑、建筑与环境是否协调，尤其是城市的建筑群轮廓（建筑天际线）甚至成为一座城市的标志。建筑设计中建筑的层数、层高、占地面积、建筑面积以及建筑结构都对建筑轮廓起了决定性作用。其中结构对建筑单体立面轮廓影响最显著，例如，不同的屋顶结构呈现出的屋顶形式千差万别（平屋顶、坡屋顶、半坡顶、穹顶等），而这些屋顶形式也直接影响其建筑轮廓（图 5-18）。

图 5-17　形体立面轮廓的差异

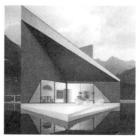

图 5-18　建筑立面轮廓形态对比

5. 元素的均衡关系

任何建筑形体，尤其是几何关系明确的建筑形体都存在均衡性，而决定其平衡性的决定因素也是多方面的：元素的尺度、质量、颜色、材质、光影。在中西方古典主义建筑中的建造中均重视均衡性的表达，但随着人类审美的变化，有很多现代建筑开始刻意追求建筑的"不平衡之美""反差之美"或者"冲突之美"，这些在 20 世纪初的未来派、后现代主义和构成主义中时常出现，后来出现的解构主义更是将其发挥到极致。对称立面是立面均衡关系中的特殊一类，建筑的立面对称是二维对称。可以分为镜像对称、旋转对称、平移对称、对角线对称四种主要类型，其中以镜像对称最为常见。

6. 元素比例关系

比例决定元素的形状和带给人的视觉感觉。立面构图中的比例包括构成元素自身的比例与元素组合后的整体比例关系。

元素自身的比例关系在立面构图中主要是指其垂直方向与水平方向尺寸的比值（例如，矩形中是高度与宽度的比值）。如图 5-19a 所示的构图中各元素均为高度远大于宽度的比例关系，单个相同元素彼此组合形成高度与宽度相似的比例关系。

图 5-19b、c 为两组整体比例关系相似的构图，但其构成元素自身的比例关系差异巨大。图 5-19b 为三个比例相同元素的重复组合，而图 5-19c 为比例差别巨大元素的组合。实际设计中决定建筑立面垂直与水平向关系的主要因素有层数、层高、占地面积、建筑面积、基地状况等因素。

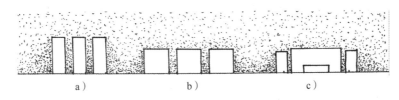

图 5-19 形体立面构成元素与整体的比例关系

a）、b）同比例元素组合 c）不同比例元素组合

如图 5-20 所示的案例是作者本人设计的邯郸市丛台区妇女手工业基地立面。该项目为旧宅改造项目，原有立面具有良好的自身比例关系：由两个近似黄金矩形拼接而成，大黄金矩形（墙体部分）的短边为小黄金矩形（入口部分）的长边。设计保留了原有比例关系，运用几何要素中的一组同心圆进一步加强两个矩形间的联系，使之成为整体（详情见第二章第一节相关内容），墙体饰面运用当地所产紫金山石突出地域性。

图 5-20 邯郸市丛台区妇女手工业基地立面设计（冯志华绘制）

三、立面形态构成

对形态立面元素进行组织与分析，既是感性的形象思维的过程，又具有极强的逻辑性，在满足元素间上述关系的同时，还应尽量满足相应原则、条件与方法，使形态立面元素间主次关系分明、和谐统一。

1. 立面形态构成原则

构建立面的原则是保证形态的完整性，实现元素组合的完整统一。伴随这一过程，组成元素间出现主次关系，立面形态主体会吸引更多观察者的关注，元素间主次关系的确立由其自身的视觉属性（所处的位置、形状、自身体量、尺度、质感、色彩以及光影效果）决定。

根据完形心理学的简化原则，人的心理习惯是将复杂的形式简化为简单图形或形状进行认识与分析（见第二章第二节第一部分相关内容的论述），属性简单的形状和图形最容易反映形态间的构成关系，因此本节该部分通过简单几何形状的构图进行立面形态组合分析：

如图 5-21a 所示的一个四边形作为单一元素，不存在相互关系，无法形成完整构图关系，构图过于纯粹而忽略了构图学中的重要因素——"构成"，同时单一形状没有参照对比，无法形成主次关系。如图 5-21b 所示，放置两个形状、尺寸完全一样的元素，此时两者之间产生并列和对称关系（即产生关联），与单一形状相比此时产生构图关系，但两元素给人带来的视觉感觉没有任何差别，其中的某一元素无法更多吸引观察者注意力，因此无法确立两个元素的主次关系，这样的构图关系不能作为完整构图。

如图 5-21c 所示，在原有的两个四边形一侧再等距放置一个形状、尺寸完全一样的元素，此时的构图关系就会给观察者带来相对协调的视觉感觉。由分析可知：位于两侧的元素为对称关系，而中间元素位于中心对称轴上，即中间的元素位于构图中心，根据完形心理学中的选择性原则，中间的四边形更多地吸引观察者的注意，而成为构图中的主要部分，也确立了构图的主次关系。

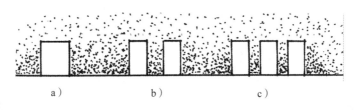

a）   b）   c）

图 5-21 简单相同元素组合关系

a）单一形体 b）两形体组合 c）三形体组合

根据上述构图实验得出以下结论：

1）单一元素无法形成完整的构图关系。

2）在构成元素自身属性完全相同的情况下，元素间的位置关系决定着元素的主次关系。

3）构图中自身属性完全相同的元素，位于主轴线上的元素被作为主要元素。

如图 5-22 所示是开平锦江里村瑞石楼立面仰视图。该建筑为广东碉楼建筑的代表，广东开平碉楼为塔式建筑，立面高耸但面宽窄，因此立面元素主要沿垂直向排列，每层水平向数量少（每层大多开三扇窗或单扇窗），瑞石楼主立面每层均开形式尺寸相同的三扇窗，中间的窗在立面垂直向中轴线上，因此观察窗户形式时大多会选择中间的窗作为观察对象。

图 5-22　开平锦江里村瑞石楼

如上述案例，在形态构成中主次关系的确定上，同向等距位置关系是构图中较弱的影响因素。如采用相同的位置关系，改变元素尺寸，得到以下结果：

如图 5-23a 所示，将位于中心的四边形尺寸增大，使之明显大于两侧四边形尺寸，此时，原本已位于构图中心的四边形给观察者视觉带来更大的尺度感（相关概念见第四章第二节内容）此时，中间四边形的主要地位进一步加强，构图中形成更为明确的主次关系。

如图 5-23b 所示，使左侧四边形尺寸大于中间和右侧的四边形尺寸，此时由于尺寸的明显差异，左侧四边形带给观察者较大的尺度感，而成为构图中的主要元素，此时构图中没有垂直向轴线对称关系。

根据上述两组案例可以得出以下结论：

1）位置上处在构图轴线上的元素，增加其尺寸，则强化其"构图中心"地位。

2）当形态构成元素之间同时存在尺寸差异和位置差异时，尺寸差异决定元素间的主次关系，尺寸较大的是主要元素，成为构图中心。

3）当形态构成元素之间的尺寸差异巨大时，该种构图关系产生的视觉感觉与单一元素的形态给人的视觉感觉相类似，此时无法形成完整的构图关系（如图 5-23c 所示），因此构图元素间协调的比例关系是形态构成的主要因素。关于比例的相关内容见第四章第一节的相关论述。

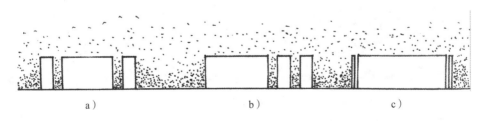

a）　　　　　　　　　　　b）　　　　　　　　　　　c）

图 5-23　三元素组合形式

a）中间元素偏大　b）一侧元素偏大　c）中间元素远大于两侧元素

如图 5-24a 所示，当形态存在对称关系，且构成元素中处于轴线上的元素尺寸较小时，但两种元素的尺寸差别不悬殊，此时构图元素的主次关系模糊。在此情况下可以通过增设附加元素的方式明确主次关系，如图 5-24b 所示。以图 5-24a 为基础，在对称形态的左右两个尺寸较大元素表面各增加一个"开窗"，此时这两个元素由"简单元素"变为"复合元素"，即这两个元素的自身属性发生变化（表面出现肌理与划分），此时，它们将得到观察者更多的关注，从而成为形态中的主要部分，且此时为两个主要元素和一个次要元素。由此得出以下结论：

1）形态构成中的元素的主次关系与元素数量无关。

2）当元素间的主次关系不明确时，可以通过增设附加元素的方式改变元素属性，或将简单元素转变为复合元素，从而确立元素间主次关系。

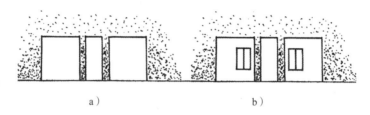

a)　　　　　　　　　　　　　b)

图 5-24　中间偏小的三元素组合形式

a）中间偏小三形体组合　b）两侧开窗的中间偏小三形体组合

如图 5-25 所示的两座建筑分别是许昌博物馆与许昌大剧院。这两座建筑立面均采用中心轴对称的构图手法，左右两部分的尺寸与位置关系相同，建筑师通过对左右两部分构成元素复杂程度的差异化处理手法，使其产生主次对比关系，从而完善构图。

其中许昌博物馆（图 5-25a）立面左右两部分都采用较实的构图手法，开横向细长小窗，体现立面的整洁，左侧一角添加局部玻璃幕，打破原有的绝对对称，使左侧构图元素更加丰富，吸引较多视线注意，同时，使人意识到建筑两侧空间使用功能可能存在的差异，左侧体块无形中成为立面主要构成元素。

许昌大剧院（图 5-25b）和许昌博物馆属于一组建筑，也运用相同的立面处理手法，右侧立面竖向五等分，整洁干净，立面左侧部分横向划分层，竖向利用致密的格栅进行细碎分割，增加其复杂性，同样达到吸引注意力的效果。

a)　　　　　　　　　　　　　b)

图 5-25　形态构成元素间主次关系实例

a）许昌博物馆立面　b）许昌大剧院立面

立面构图中当相同属性元素数量过多时，会影响元素间的主次关系。如图 5-26 所示为五个相同属性的四边形按照等距重复排列，此时元素数量较多，且无法相互组合成复合元素，因此彼此独立的元素互相干扰，影响观察，即使中间的四边形位于中轴线上，其主要地位也不明显。

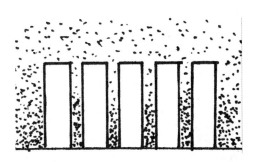

图 5-26　等距同属性五元素组合

此时，正确的构图方式是根据完形心理学中的相似性、接近性、联系性原则设置不同属性的元素（形状、大小等），改变彼此间的位置关系，使之在构图中自动分组简化，进而突出主次，体现完整性、协调性。

根据以上几组构图实验可知，为达到元素构图完整与统一性、关联性和和谐与协调性原则，立面形态构成需要满足以下原则：

1）立面构图中的元素应有明确的主次关系，主次关系的确立与元素的位置和元素的尺寸有关，而与元素的数量无关。

2）当立面构图中构成元素属性相同时，相对位置的差异决定元素间的主次关系，位于中心轴线的元素为主要元素。

3）立面构图中元素的尺寸差异较大时，大尺寸元素成为主要元素。

4）当立面构图中只有一个元素时，无法形成完整的构图关系。

5）立面构图的中的复杂元素较简单元素更容易成为主要元素。

2. 立面组织

根据建筑功能与空间需求，建筑立面构图中的很多元素属性无法随意调整，例如，出入口位置，采光量限定的窗洞位置与面积，结构因素导致的柱梁关系等。在此情况下立面构成元素间的相互关系无法按照构图需求设置，在此情况下，需要通过改变元素属性或增加元素等立面组织方法完善（修正）立面构图。基本方法有创造"图——底关系"、元素桥接与相似性处理。

（1）创造 "图——底关系" "图——底关系"是完形心理学的基本理论，格式塔心理学家认为视知觉会自然将视域内的所有图像分为图形和背景两个部分，图形相对于背景来说更加实在，从中突显出来作为视觉中心。基于这一理论可知创造"图——底关系"就是确立构图中的主次关系，是树立视觉中心的有效方法。

当构成元素中含有面元素时，可以通过改变面元素的属性创造"图——底关系"。

例如结合色彩心理学，对需要突显的元素采用较为激烈的、能带给人视觉冲击的颜色（例如红色、金黄色等），对希望作为背景的元素采用较为温和的、平静的颜色（例如白色、天蓝色等），通过颜色反差，造成视觉心理变化，达到有效的"图——底关系"，这类的案例十分常见。基于色彩明度差异来组织"图——底关系"的案例，如图 5-27 所示。它由 FORM Kouichi Kimura Architects 设计，是位于日本滋贺县的取景宅立面。该建筑立面整体采用颜色明度最低的黑色表皮，门窗开洞是明度和透明度都高的天蓝色或白色玻璃，图底关系清楚，且突出了"取景"的概念。

图 5-27　建筑立面"图——底关系"实例 1：日本滋贺县取景宅

除颜色反差的"图——底关系"，同属基本属性的形状反差也可以创造良好的"图——底关系"。如图 5-28a 所示为日本爱知县平野诊所立面，由 TSC Architects 主持设计建造，建筑立面整体外轮廓是一个平屋顶的梯形，正立面上交错分布大小各不相同的 8 个坡屋顶虎头门窗，与整体平屋顶形成轮廓形状上的巨大反差，产生"图——底"效果。如图 5-28b 所示的建筑是由建筑师 Artem Tiutiunnyk 与 Chernova Yuliya 共同设计完成的、位于白俄罗斯明斯克城郊的 Ochag house 住宅，该建筑提取当地传统民居符号（坡屋顶、木质镂空窗棂、正中的室内壁炉等），运用现代手法与材料构建，建筑立面材质的反差、虚实关系的处理，创造出通透为"图"、实墙为"底"的立面构图效果。

a）　　　　　　　　　　　　　　　　　　b）

图 5-28　建筑立面"图——底关系"实例 2
a）日本爱知县平野诊所立面　b）白俄罗斯 Ochag house 住宅立面

　　上述例子均为面元素之间的稳定性图底关系。线元素也同样可以创造良好的"图——底关系"。如图 5-29a 所示，进行线元素立面构形实验：已有元素 1、2，两者间并无关联，也没有具体的主次关系，尝试将一个与 2 类似的细长元素 3 横向固定在图形 2 的上部，使图形 2 与 3 对图形 1 形成半包围状态（图 5-29b），该状态下，2、3 共同构成构图中的"图框"，此时元素 1 成为构图中的"图"，而 2 与 3 成为构成中的"底"。为进一步确立元素 1 的中心性地位，在元素 3 上增加一个元素 4（图 5-29c），根据完形心理学的封闭原则，此时线元素和点元素 2、3、4 趋向于构成完整图形，使元素 1 位于该图形的中轴线上。如图 5-29d 所示进一步加强元素 1 与其他构成元素的形式对比关系，使构图完善。

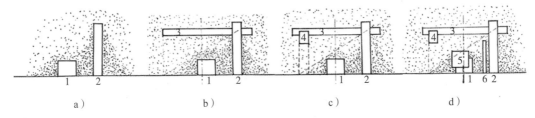

图 5-29　立面中线元素"图——底关系"的建构实验（1）
a）已有元素　b）构形步骤一　c）构形步骤二　d）构形步骤三

　　通过以上构成实验可以得到以下结论：线元素通常在立面"图——底关系"的构建过程中用作限定"底"；基于完形心理学的封闭原则，线元素不必形成绝对的封闭形式同样可以产生"图——底效果"。建筑设计中这样的构图方式通常用于创造建筑与环境的和谐关系。如图 5-30a 所示的建筑为熟知的由库哈斯设计的中央电视台新演播大楼，建筑形态由两个折线在立体空间中拼接而成，从任何角度观察建筑立面都具有强烈的画框感，形成对城市景观的"定格与截取"，产生独特的图底关系。

　　如 5-30b 所示建筑为爱默生学院洛杉矶中心大楼。建筑整体 10 层，立面形成纤细的线形围合形式，中间灵动的通透多功能露台将建筑连接，雕塑式的结构内容纳着教学与办公空间，该设计参考当地文脉，规则的外立面内部容纳了灵活且富于变化的空间，立面"图——底关系"清晰。

a）　　　　　　　　　　　　　　　　　b）

图 5-30　立面中线元素"图——底关系"的建构实验（2）
a）中央电视台大楼　b）爱默生学院洛杉矶中心大楼

根据上述案例图形与分析得出立面构图中"图——底关系"构建的基本方法：

1）立面中主要是面元素时，通过控制元素属性：形状、颜色、位置、材质等，产生对比，从而创造"图——底关系"。

2）当立面中存在多种形式元素时，线元素通常作为"底"的限定和连接工具，创造"图——底关系"，这种关系通常体现为建筑与环境的结合，也可称为"图——景关系"，基于完形心理学闭合原则，作为限定作用的线元素不必形成绝对的闭合关系，同样能产生图底效果。

（2）元素桥接　立面构成元素的位置通常情况下是由其所处空间功能与自身功能所决定的，例如门、窗、雨棚、屋面。通过位置关系的调整可以使建筑立面元素间存在分离、接触、穿插、叠加和融合的相互关系（详情参见本章第二节关于元素间位置关系的论述）。而对于功能和空间要求，无法进行位置调整的立面元素，需要采取引入元素进行桥接的组织方式对其进行构图处理，使之具有良好的视觉效果。试通过以下例子说明：

如图5-31a所示为三个相互分离，形状差异明显，无明确构图关系的元素组合。如图5-31b所示为通过在右侧元素2、3之间放置元素4、5、6使构图中的右侧部分形成复合元素，使右侧部分的复合元素成为构图中的主要元素，确立构图中的主次关系。该方式为构图中的元素部分桥接。

如图5-31c所示，通过增设元素4、5将立面中的三个现有元素进行关联，并通过控制元素4的边长使元素1处于构图的中轴线上，成为构图的中心，且整体构图沿中轴线两侧均衡。

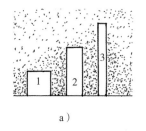
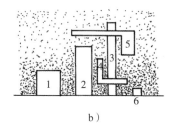
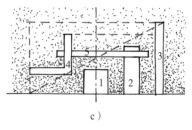

a）　　　　　　　　　　b）　　　　　　　　　　c）

图5-31　立面元素之间的桥接

a）已有元素　b）部分桥接　c）整体桥接

根据上述例子可以得出元素桥接的以下结论：

1）元素桥接是在不改变现有元素位置及属性的前提下，通过在适当位置增设元素的方式增强现有元素间的关联性，使其形成完整统一的构图关系。

2）立面元素桥接可以分为部分桥接与整体桥接两类。

3）参与桥接的立面元素以线元素居多，但也可以是面元素或点元素。

4）对现有立面元素的桥接，没有固定的手法，可有多种方式，但都应遵循：完整性、统一性、和谐性的构图基本原则。如图5-32所示为另外四种图5-31a元素基础上的桥接方式，可以看到方法不同、参与桥接元素属性不同，但都达到了良好的构图效果。

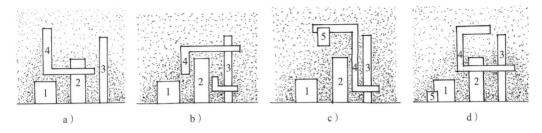

图 5-32 其他立面元素桥接方式

建筑立面设计中采用桥接方式的案例很多，新项目的设计中桥接是极好的处理立面效果的方式，但其更多地是被应用于改造项目中，对既有建筑立面进行整治时，采用桥接的手法加强立面元素间的关联性。例如图 5-33 所示建筑是由葡萄牙建筑师 Ernesto Pereira 打造的住宅改造项目，建筑外墙原有的陶土瓦被去除，取而代之的是斜木纹理墙面，建筑缓冲空间（露台、门厅）部分则用

图 5-33 银木住宅外立面

白色粉刷，通过白色折线在木色图底上的桥接使建筑整体更加紧凑、灵动。同时该建筑立面具有明确的 "图——底关系"，且立面构成元素均具有相应的使用功能。

（3）相似性处理 桥接是建立元素间的直接联系，而相似性处理是建立元素间的间接联系，两种方式都是进行多元素立面组织的基本方法。桥接与相似性处理也可在同一立面构图中使用，创造元素间的直接与间接联系。

元素间的相似性可以是属性相似、数量相似、比例相似。立面组织中的相似性是指组织方式，与通过组织产生的形态相似性。如图 5-34a 所示是三个构图关系不清晰的独立元素，在其元素 1 上增加元素 4，使其位于整体构图的中轴线上，产生构图中心（图 5-34b）。

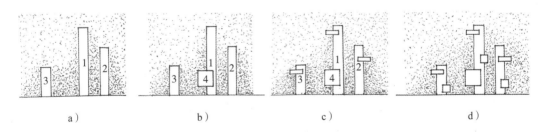

图 5-34 立面元素相似性处理

再依次在元素 1、2、3 的相应位置增加相同的元素，使构图具有均衡感（关于均衡手法具体参见第四章第五节的相关内容），此时，该立面中三个元素成为具有相似性的复合元素（元素数量、构成元素的属性、构成元素位置均相似）。

建筑立面中各部分的相似性组织使建筑立面产生良好的和谐感。如图 5-35 所示的建筑是由大舍建筑事务所设计位于上海青浦东部新城的青浦青少年活动中心。建筑根据使用需求将各功能空间进行小尺度分解，体块与空间之间彼此分离的位置关系，再利用庭院、广场、街巷等过渡空间将各部分组织在一起，从而成为一个建筑群落的聚合体。建筑立面各部分均为矩形轮廓线、墙面材质、窗洞数量、窗洞形式均类似，各部分的相似性使松散的建筑格局完整统一，呈现出整体和谐性。

图 5-35　青浦青少年活动中心

3. 立面划分

多体块构成的组合式立面需要进行构图元素间的组织，通过建立联系的方式达到完整、统一、和谐的构图效果。而对于单一体块的建筑立面，可以通过划分对其进行"勾画"设计。

（1）划分的定义　划分是指将一个完整形态按照一定的原则进行分割的过程，被划分的部分之间产生某种逻辑性关系。逻辑关系可以是功能关系、结构关系等。功能划分是建筑的空间与形式按照建筑中的功能分区进行分割，所分割的各空间彼此间又相互关联；结构划分可以是建筑形式的划分，如水平向结构，垂直向结构，可以是按照作用的划分，如外围护结构、承重结构。建筑设计中无论划分的逻辑关系是哪种，都将以空间和形式的方式表达出来，例如每层门窗和结构的划分最终都会在建筑立面构图中体现。

（2）划分的条件　功能分区、结构、空间界面形式是产生立面划分的主要条件，其他决定立面划分的条件还包括：立面装饰、材料肌理、色彩、层次关系等。

（3）立面形式的划分方式　立面形式的划分方式有很多，其中以横向与竖向（水平向与垂直向）的划分最常见，建筑立面横向划分数量与形式多数与层数和层高相关。竖向划分形式则与建筑室内空间形式、尺度相关。立面装饰、材料肌理、色彩、层次关系等因素产生的划分则不仅局限于横向和竖向，可能出现曲线、折线等多种类型。

划分在建筑学中无处不在。建筑墙体可按照层数、按照开窗形式、按照材质的差异等形式进行划分；建筑内部可根据功能、柱网关系划分；空间可由墙体进行划分；玻璃幕墙又将庭院与室内进行划分。如图 5-36 所示是不同室内空间形式所产生的空间界面的差异，这些界面差异进而体现为不同的立面肌理和划分方式。如图 5-37 所示的建筑是由日本建筑大师伊东丰雄设计的台中大都会歌剧院，从设计到落成历经十载，这座被誉为"目前为止台湾首座真正前卫的建筑"内部多空结构的建筑犹如一块大奶酪有机体，伊东丰雄将其称为"壶中居"。多变而互相连通的内部空间带给人从未有过的流动体验，仿佛在一座现代化的人尺度蚂蚁穴中穿梭。内部空间中的各曲面界面在建筑立面得以表现，使建筑立面虚实之间呈现曲线划分形式，建立立面形式与空间的关联。

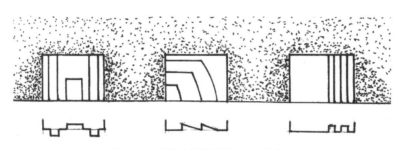

图 5-36　形体立面划分与平面的关系

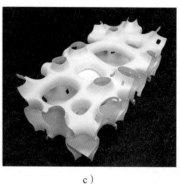

a）　　　　　　　　　　b）　　　　　　　　　c）

图 5-37　台中大都会歌剧院
a）局部立面　b）室内空间　c）空间模型

立面划分产生的视觉感受各不相同。西班牙建筑师高迪曾说："直线属于人类，曲线属于上帝。"直线是认为刻意刻画的产物，而曲线则更加贴近于自然。因此，直线划分使立面显得整齐、规矩，而曲线划分给予立面流线的有机感。如图 5-38 所示由扎哈事务所设计建造的阿塞拜疆共和国阿利耶夫文化中心（heydar aliyev cultural center）。该项目位于阿塞拜疆共和国首都巴库，作为该地区新地标建筑包括一个博物馆、图书馆和会议中心。流线的建筑形体上由一道道优美性感的曲线肌理将表皮划分，形成了一个有机而动感的形态。流线表皮下包裹着各种不同的功能，提供了适当的私密性和各个空间的独特性。建筑立面通透的玻璃幕墙部分通过垂直和水平向的直线划分，形成严格的秩序感，给柔美的曲面上增加些许刚劲。

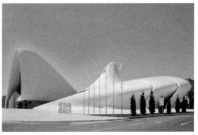

a）　　　　　　　　　　　　　　　　　　　　b）

图 5-38　阿塞拜疆共和国阿利耶夫文化中心
a）正立面　b）侧立面

（4）划分的方向性构图　立面构图中除划分方式（直线或曲线划分）对视觉产生影响外，划分方向和划分间距也是影响视觉感觉的主要要素。如图 5-39 所示为边长、面积完全相同的三个正方形。根据完形心理学直观经验原则，如图 5-39b 所示，当立面沿垂直方向进行直线划分时，视觉惯性沿垂直方向向上，使立面显得比实际形状偏高。根据相同原理，如图 5-39c 所示，当立面沿水平方向划分时，视觉惯性沿水平方向向左与向右。在此情况下该立面从视觉上比垂直向划分的立面低，由此产生更加良好的视觉稳定性。根据划分方式的此种视觉属性，可以创造特定的建筑效果。

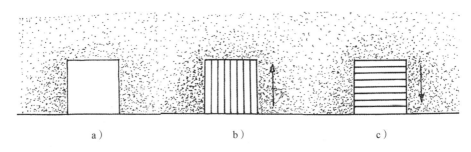

a）　　　　　　　　　　　　b）　　　　　　　　　　　　c）

图 5-39　立面划分方式的视觉感觉
a）无划分立面　b）垂直向划分　c）水平向划分

如图 5-40 所示的建筑为葡萄牙维阿娜酒店，该建筑整体形态大量采用悬挑结构，下面两层运用混凝土结构，其余各层则统一悬挂于钢结构上，每层悬挑空间幅度巨大（如图 5-40b 所示建筑侧立面可以清晰看出），如此巨大的悬挑使建筑形体产生不稳定感。建筑正立面 6 层相互堆叠，整体呈现水平向划分关系，观察者视觉惯性向左右两侧延展，此时建筑正立面视觉上的宽度大于实际宽度，建筑立面效果具有较好的稳定性。

a） b）

图 5-40 葡萄牙维阿娜酒店
a）正立面 b）侧立面

根据上述例子可总结出如下结论：立面划分具有方向性，划分的方向决定立面给人的视觉感受。垂直方向划分使立面形态产生向上趋势，立面显得更加高耸；水平向划分产生向两侧延展的趋势，立面面阔显得更大，视觉上形态显得较稳定。

（5）划分的动态构图 立面划分间距也能使立面产生动态效果。良好的立面划分间距通常遵循一定的构图原则：等距划分或按韵律划分。如图 5-39b、c 所示的是垂直向和水平向的等距划分。如图 5-41 所示是两种直线韵律划分形式。图 5-41a 所示是水平向韵律直线划分，韵律方向为自上而下间距递减，由于重力因素影响，且上部划分出的形体面积较大，因此该立面构图产生向下挤压的视觉感觉。图 5-41b 所示是垂直向韵律直线划分，间距韵律方向由左向右逐渐增大，使人产生层次感和透视感的视错觉，此时感觉立面向右侧运动。

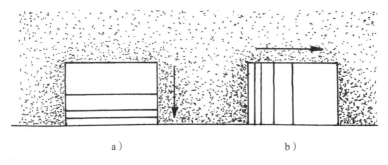

a） b）

图 5-41 立面直线韵律划分
a）水平韵律划分 b）垂直韵律划分

立面划分间距韵律也可能产生两个方向的运动趋势，如图 5-42b 所示，划分间距由两侧向中间逐渐递减。图 5-42c 所示的划分间距由两侧向中间逐渐递增。这两种不同的动态效果均使原有立面形式发生视觉变化。

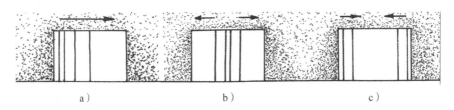

图5-42 立面竖向划分的多种间距韵律
a）单一方向韵律 b）双向韵律一 c）双向韵律二

由此可以得出结论，立面划分间距之间的关系通常分为等距划分和韵律划分两种，等距划分时的视觉感觉由划分方向决定，而韵律划分时的视觉感觉由间距的韵律方式决定；立面划分间距的韵律关系产生的构图动态方向与划分方向相对，如划分方向为垂直方向时，间距动态方向为水平向；立面中划分间距韵律可以沿单一方向或者沿两个方向产生动态效果。

如图5-43所示的建筑为波兰国家交响音乐演奏厅。该建筑坐落于波兰卡托维兹市，由Konior Studio建筑事务所主持设计修建。该建筑一经建成便马上成为新城市地标。建筑整体外形为规则六面体，外立面材料采用棕红色砖墙，各立面均运用竖向划分的构图手法，体现建筑竖直向上的挺拔感。正立面划分间距采用由一侧递增韵律，使立面产生透视感与动感，划分间距中填充玻璃幕，与厚重竖向砖墙形成鲜明的虚实反差。

a） b）

图5-43 波兰国家交响音乐演奏厅
a）正立面 b）透视图

上述案例中的立面划分均属于单体上的构图样式，组合立面同样具有运动趋势，即具有视觉方向性。如图5-44所示的均为主次关系明显的立面组合形式，其划分韵律的组合关系为：韵律方向相对、韵律方向相同、韵律方向相反。韵律方向相对的立面组合方式使构图更趋向于一个整体（图5-44a），其视觉上的方向性与主要元素的方向相一致；韵律方向相同的立面组合方式构图具有一致性（图5-44b），其视觉上的方向性与构成元素的方向性相一致；韵律方向相反的立面组合方式构图呈现分离状态（图5-44c），其视觉上的方向性与主要元素的方向性相一致。

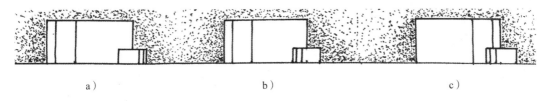

图 5-44 组合立面的划分韵律

a）韵律方向相对 b）韵律方向相同 c）韵律方向相反

建筑设计的立面划分通常采用多种划分方式相结合的方式。如图 5-40 所示，葡萄牙维阿娜酒店立面采取整体横向划分，局部竖向划分的组合形式。如图 5-38 所示，阿塞拜疆共和国阿利耶夫文化中心立面则是采用曲线与直线划分相结合的方式，而直线划分（玻璃幕墙部分）也是横向与竖向相结合的方式。

为使立面划分具有更强的合理性，使其具有更佳的视觉感觉，立面划分方式应尽量遵循几何学法则和科学的比例关系，如按照黄金分割率、费纳波切数列等法则，由此产生更加符合视觉审美的立面划分形式。伊利诺伊理工大学礼拜堂立面与马赛公寓立面中的划分都是根据黄金分割或者根号矩形的比例进行立面划分构图的。

第二节 立体构图

一、立体形态构成分类

1. 基本概念与分类

建筑立体构成是将建筑看作三维形体或由三维形体组合而成的立体形态进行构成研究。立体构成区别于另外两种构成方式的特点包括：

1）构成元素的体量、质量、色彩、光影等视觉属性和元素间的相互关系是在三维空间内进行识别与建构，观察者的视角在三维空间内可随意调节和不断变化。

2）立体构成中的形体被看作是由表皮围合的封闭造型，形体的封闭状态不影响观察者思考、研究形体与周围环境间的关系。

3）立体形态构成需要考虑透视关系对视觉的影响。

4）因具有透视关系，光影和体量要素对立体构成的影响大于立面构成，而形状要素在立体构成中的表现没有立面构成准确。

立体构成形式多种多样，通常形体的立体组合关系可以归类为：相互间的张力、边与边的接触、面与面的接触、体量穿插这四种类型，作者参考数量关系和维度因素，将组成元素间的相互关系分为四大类、九小类：

（1）单一形体 整体形式为单个几何形体的立体构成。

（2）面接触组合形体 整体形式由多个立体元素组合而成的连续立体构成。其中包括：

1）垂直向叠加。

2）水平向面接触。

3）水平向面接触形成的围合或半围合式。

4）多形式组合式。

（3）彼此分离式形体　整体形式由多个立体元素组合而成，元素间相对独立的立体构成。

1）完全分离。

2）部分分离。

（4）体量穿插形体　整体形式由多个立体元素组合而成，元素体量之间互相穿插的立体构成形式。

1）整体嵌入。

2）局部穿插。

根据上述分类方式可以看出，立体组合与立面组合的方式相似，但在建筑设计中的具体表现却因立体构成的特殊性而存在较大差异。立体构成中的单一或组合并非所有构成元素的数量关系，而是建筑主体的体块数量，即根据完形心理学简化原则，视觉整合后的形体组合元素数量。

2. 单一形体立体构成

整体形式为单一几何形体的立体构成，形式为一基本几何形体。如图5-45 所示建筑是位于明斯克十月广场的共和国宫，该建筑为明斯克市最大的演出及会议中心，最大的演出厅容纳 2700 个座席，共和国宫是于 1976年由本土建筑师 U·格里高利耶夫与U·史彼特共同设计完成的现代主义风格建筑，设计与建造过程几经周折，最终与 2001 年才正式投入使用。该

图 5-45　白俄罗斯明斯克共和国宫

建筑整体造型为单个正六面体（正方体），四个立面各设置由 10 根简洁方柱构成的柱廊。简单的外部形态和清素的立面色泽，使这座矗立于明斯克市仿古典主义建筑群中的现代主义建筑更显突出。

整体规整的几何单一形体建筑，尤其是长方体和正立方体建筑在日常生活中最为常见，尤其是自 20 世纪初的现代主义兴起以来的大量建筑，大量住宅建筑采用这样的立体构成方式。苏联的"赫鲁晓夫楼"和我国建国初期大量的集中式低层、中层住宅建筑等都采用这种立体构成形式。其极高的普及率，得益于以下特点：

1）便于城市整体规划，容易与周边建筑、交通与环境相协调。

2）功能与结构布置方式相对简单，有效提高设计和施工效率。

3）使建筑室内空间利用率最大化，提高建筑使用面积。

单一几何形体的立体构成不仅限于六面体这一种，任何形式的单一形体都可以成为建筑形体存在，例如由贝聿铭设计建造的法国卢浮宫的玻璃金字塔是一个独立的锥体矗立于卢浮宫广场（图5-46b），中国国家大剧院则是半个椭圆体的单一形体立体构成（图5-46a）。

a）　　　　　　　　　　　　　　　b）

图 5-46　单一几何立体构图实例

a）中国国家大剧院　b）卢浮宫的玻璃金字塔

根据上述实例可以总结出单一形体建筑的以下构成特点：

1）建筑形体通常为几何形体或几何形体的变形体。

2）建筑形体辨识度高，且从任何角度观察都具有相同属性。

3）多数都遵循对称原则。

3. 面接触组合形体立体构成

面接触组合形体立体构图中会出现两个或两个以上的基本构成元素（经视觉简化的几何形体），且元素均沿一个或者多个方向首尾面面接触相连或者相互叠加。多个元素组合通过面接触组合而成的连续立体构成可根据构图元素（几何形体）间位置关系分为几类：

（1）垂直方向叠加　是指建筑的立体构成元素沿垂直方向相互叠加（上部体块底面与下部体块的顶面接触），古今中外的两层以上建筑大都采用这样的构成形式。当上下体块属性完全相同时（形状、尺寸、材质、色彩等），立体构成中的叠加关系无法体现，上下体块之间的差异则主要体现在体量的差异。与立面形态构成相同，上部体块体量小于下部体块时，构图呈现稳定性，而上部体块体量大于下部体块时，受重力因素影响，构图呈现向下的动态感。中外古典建筑大都注重建筑构图的稳定性，因此基地部分通常较大，如图5-47所示的俄罗斯德米特里教堂和天坛的立体构图关系都是其代表。根据这两个案例同时可以看到，上下叠加的方式并不只存在于人们熟知的立方体和长方体之间，其他形状的形体间同样存在类似的立体构成关系。

（2）水平方向的面面接触 是指建筑的各立体构成元素在水平向上呈首尾相接的连续状态（形体侧面彼此相接触）。此种形式的构图通常出现在功能与空间组合较为复杂的建筑上，建筑在同一水平面内功能与空间关系紧密，立体形态构成中的首尾相连是这些关系的形态体现。

水平方向的面面接触可以首尾相连形成连续直线或连续曲线。也可以形成围合或半围合空间（中庭、院落）。中国的传统四合院形式是其显著代表，这种立体构成形式可以给使用者较为私密的室外与半室外空间，也是将环境引入建筑内部的一种有效手段。

图 5-47　俄罗斯德米特里教堂

水平向面面接触的典型案例是由格罗皮乌斯设计的德国德绍包豪斯校舍（图5-48），该建筑是现代主义建筑诞生的标志之一，建筑整体按功能划分，每个功能区形成一个独立体块单元（立体构图元素）：北侧的设计工作室区，西侧的分科教学区域，东南侧的集中教学区和中间东西向的行政办公区。这四大分区各自在形式上表现为规整长方体，体块彼此面面接触、空间相互贯通，保证场所的完整性和流线的连续性。该建筑的立体构图中既有水平向的首尾相连，也有半围合的室外空间。

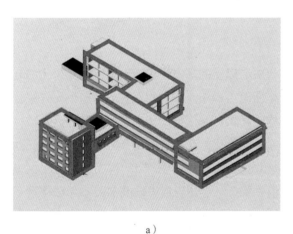

a）

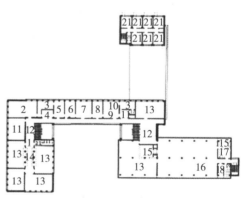

b）

图 5-48　德国德绍包豪斯校舍
a）轴测图　b）平面图

（3）多种组合形式结合 它是指立体组成元素之间的组合关系存在以上两种或者两种以上面接触的组合形式。在当代建筑设计中，重视设计手法的多元化，因此，通常在一个建筑设计中会出现多种形式相结合的面面接触组合，例如由阿尔多·凡·艾克设计建造的阿姆斯特丹市政孤儿院（图 5-49），就是以上三种面接触立体构成形式相结合的代表。其整体布局是水平向摊开的多个立方体的首尾相连，在局部位置又出现围合的内庭和竖直方向叠加的立体元素。

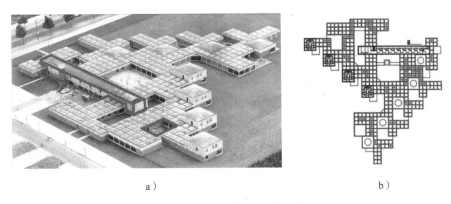

a）   b）

图 5-49 阿姆斯特丹市政孤儿院

a）轴测图 b）平面图

4. 彼此分离式形体

各立体构成元素间存在一定间距，关联性弱。这样的构成方式可分为部分分离与完全分离两类：

（1）部分分离 部分分离是指元素间整体分离但局部相连。例如由芬兰建筑师威里欧・若威尔（Viljo Revell）设计建造的多伦多市政厅，该建筑于 1965 年完工，是多伦多建筑进入现代风格的标志。市政厅的外形设计独特，由两栋分别为 20 层和 27 层的弯曲大楼包围着市议会大楼，象征多伦多团结和成长的城市精神。三个高低错落的体块坐落于同一群裙房上，从构成手法上彼此分离，但从功能空间上由裙房部分相联系（图 5-50a）。

（2）完全分离 完全分离是指建筑从位置、功能与空间关系上完全独立，彼此间的关联来自于形式的相似性。坐落于加拿大的、由中国建筑师马岩松设计的玛丽莲・梦露大厦运用的就是这样的设计手法（图 5-50b）。

a）   b）

图 5-50 元素间部分分离与完全分离案例

a）多伦多市政厅 b）梦露塔

145

5. 体量穿插形体

形体体量之间彼此穿插，立体构图是三维空间中的形体构成，形体存在多个方向的面，因此体量的穿插可以出现在形体的任意面上。而穿插元素之间的关系可以分为整体嵌入和局部穿插两种。

（1）整体嵌入　是指其中一个元素整体被放置于另一个元素内。如 5-30b 所示爱默生学院洛杉矶中心大楼，其雕塑式的教学与办公体块整体嵌入建筑中，形成整体。

（2）局部穿插　建筑元素间相互独立，但局部相互穿插的立体构成形式。如图 5-10 所示的葡萄牙希拉自由市立图书馆的室外过街廊道自己具有独特的折线形态，端部与图书馆内部穿插相连，使之成为建筑的延伸。

二、形态的立体构图

立面构图与立体构图同为基本构图类型，立体构图研究形体三维空间内的形态构成原则（需要同时考虑宽、高、深度方向上的构图关系），因此与立面构图的构成要素存在较大差异。立体构图的构成要素有以下几方面：

1. 观察点与形体之间的位置关系要素

有些形体从坐标 X、Y、Z 方向观察会产生相同效果，例如正方体，会呈现一致的立面（图 5-51a）。也有形体从多个角度观察都会产生相同的观察效果，例如球体（图 5-51b）。但这些属于特殊案例，在日常生活中更多情况下，形状的空间形式会随着观察者观察角度的变化而发生变化。

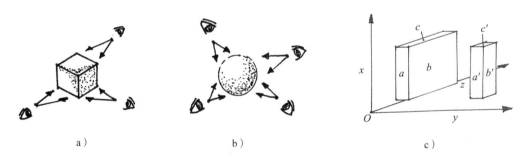

a）　　　　　　　　　　b）　　　　　　　　　　c）

图 5-51　观察角度与不同形状立体构图间的关系

a）正方体　b）球体　c）其他形状

例如长方体 A 与 B（图 5-51c），处于 X 与 Y 轴向上的立面 a 与 a' 完全相同，而其 Y 轴的深度存在差异，即 X 与 Z 轴向上的顶面 c 与 c' 和 Y 与 Z 轴向上的立面 b 与 b' 存在差异。当视线沿着 Z 轴方向观察形体时，长方体 A 与 B 是相似长方体，而当视线沿着 X 与 Y 轴方向观察形体时，A 与 B 就是差异性较大的长方体。由此得出结论：观察点的位置决定其对形体立体形态的认识。立体构图中观察点的位置并非是一个具体概念，可能存在以下三层含义：

（1）人视角观察点与形体的水平方向上位置关系　以立方体为例，如果观察点位于立方体的正立面方向上,则观察到的立面各边长均相等,此时观察得到的是其立面构图(图5-52a)。将观察点沿水平方向顺时针偏移,随之出现透视关系,也出现视角中主立面与侧立面,此时正方体的边在视线中也出现主次关系(由于透视关系,距离观察点近的边成为主要边,而较远的成为次要边)。将观察点继续沿水平方向顺时针进行偏移,此时面与面的主次关系依然存在,但其主次差异逐渐减小。当观察点继续沿水平方向顺时针偏移至正对其中一条竖向边时,正方体可见的两个面的主次关系消失,但此时边之间的主次关系最突出。由此得出结论:人的视角观察点与形体水平方向上的相对位置和观察角度决定了观察面与边的数量,以及被观察形体面与面、边与边的主次关系。用长方体进行验证,可以得到相同的结论(图5-52b)。该结论对没有明确垂直向边的连续曲面形体不适用,例如锥体、圆柱体和球体。

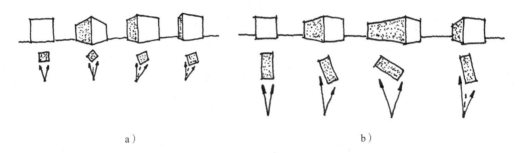

a) b)

图5-52 观察点与形体的水平向位置关系
a)与正方体的位置关系 b)与长方体的位置关系

(2)观察点与形体垂直方向上的位置关系 观察点在垂直方向的位置同样能决定可观察到的形体面与边的数量。垂直方向的位置通常用高、低作为衡量标准。上述例子中提到的人视角相对于建筑是较低的观察点,而鸟瞰视角则是高的观察点。

如图5-53所示,当观察正方体或者长方体时,视线水平高度在垂直方向的上下移动无法改变观察形体中面与面、边与边的主次关系,但能决定观察到的面与边的数量。同时,由于透视关系影响,视线水平高度在垂直方向的位置变化将影响观察者对形体形状的判断:视线水平高度低时,对形体的观察是仰视状态,形体显得较为高大;视线水平高度高时,对形体的观察处于俯视状态,形体显得较为矮小。由此得出结论:观察点与形体垂直方向的相对位置关系和观察角度决定其可观察到的面与边的数量,也影响人对形体形状的判断。该结论对没有明确横向边的连续曲面形体不适用,例如放倒的锥体、圆柱体和球体。

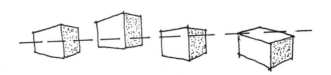

图5-53 视线在形体垂直方向的变化

(3)观察点到形体的距离 与上述的位置关系相似,观察点到形体的距离同样决定观察者对形体的认知。基于近大远小的透视关系，观察点距离形体过近，会导致将注意力放在形体的局部：某一个面或一个构件。而距离形体过远，又会影响对形体细节的观察。俄国建筑理论家科林斯基（В·Ф·Кринский）与拉姆托夫（И·В·Ламцов）对此进行过较为深入的研究，据他们的研究表明：当观察者的水平方向视线夹角为30°时，观察点距离形体的距离最适宜。此时对形体整体性与其细部的观察处于最平衡状态，形体的表现力最强。这个结论有助于进行建筑物透视构图时选择视角。

2. 形体的形状要素

形体的形状分为自身的体形和构成体形的表面形状，形状对立体构图的影响主要体现在以下四方面：

（1）形体的整体形状使每个形体具有独特的识别性　每种形状都具有各自的显著特征，例如其构成面与边的数量差别、构成面的面积差别、构成面与边形成角度的差别等。正是因为这些差异的存在使形体具备各自的特点与识别性。观察者通过其特征差异能在立体构图中认出相应的形体：正方体各边均相

图 5-54　广西美术馆外观立体形态分析

等，由六个完全相等的正方形围合而成的正六面形体，锥体是由圆的或其他封闭平面基底以及由此基底边界上各点连向一公共顶点的线段所形成的面所限定的形体。根据完形心理学的简化原则，各种建筑都可以被简化为相应的几何形体或几何形体组合。甚至很多建筑会直接运用立体几何形状拼合成建筑形体。国家大剧院与卢浮宫广场玻璃金字塔都是单一的几何形状的立体构图。例如广西美术馆的立体构图则是由正方体、球体、锥体、长方体等七个形状构成的（图5-54）。

（2）形体的表面形状对立体构图的影响　如第三章第一节关于形体的概念所述，形体可以看作各种形状的面所围合的封闭实体，因此形体的表面形状直接影响形体的整体立体构图。同样，形体的表面形状也使形体本身具备可识别性，例如球体的表面就是一个球曲面，与正六面体的表面是正方形就有很大差异，与圆柱体的曲面也有明显的不同。

（3）形状的感情色彩对立体构图的影响　形状是认知形体的主要视觉要素，该视觉要素也可给观察者带来心理上的影响，不同的形状具备不同的感情色彩，而不同的感情色彩又影响观察者对形体的认知，例如：正方形无方向感，在任何方向都呈现出安定的秩序感，静止、坚固、庄严；正三角形象征稳定与永恒；圆形充实、圆满、无方向感，象征完美与简洁。

（4）形状的几何特性对立体构图的影响　通过数学计算也可得出形体的体形、表面积和容积之间的关系。例如，通过一个简单的几何运算可知体积相同的情况下，球体表面积大于正方体。以建筑为例，即建筑的理论形状将影响建材耗材量与内部空间尺寸。形状的几何特性同时也会影响立体构图的形式美感，黄金矩形的完美比例、埃及三角形的稳定

性、根号矩形的可多次分割性，这些几何美感被无形地附加在它们所构成形体与建筑上。

3. 形体的光影要素

三维空间内的立体构图，随着光源方向的变化，会在其表面与所处平面产生相应的受光区域与背光区域，即光影效果。这也是立体构图与立面构图本质区别之一。光影对立体构图的影响主要体现在三方面：塑造形体构成面关系、吸引注意力和营造气氛。

（1）塑造形体构成面关系　立体形体，在其表面材质与颜色完全一致的情况下，当缺乏光影效果时，其形状难以被观察者识别。如图 5-55 所示，光与影共同对一个形体的每个构成面施加作用，使其每个面的亮度产生差异，使观察者察觉到形体每个构成面的具体形状，进而对形体的整体造型产生正确的判断。

图 5-55　光影对立体形态的建构

（2）吸引注意力　形体的受光面和背光面会在立体构图中产生强烈的对比，这种对比可以加强观察者审美的心理强度，进而给观察者带来视觉冲击和心理震荡。形体的组成元素中，受光部分将更多吸引观察者注意，也更有助于观察形体细节，而背光部分则容易被忽略，因此建筑设计时通常将建筑的主立面或者功能更重要的部分置于当地光线更好的一侧，使其得到足够注意。

（3）营造气氛　受光部分带给人温暖、祥和、蓬勃向上的心理感受。而背光部分给人造成阴冷、昏暗、悲观的氛围。光与影营造的这种气氛，也可以体现在立体构图中。

三、立体形态构成手法

立体形态构成的对象可以是单一形体或复合形体。形态构成手法可归纳为以下几类：排列与整合、局部替换、体量的增加与消减、划分、变形、拆分与重组（图 5-56）。其中划分、变形、局部替换的对象是单一形体或复合形体，而排列与整合、体量的增加与消减、拆分与重组则可以实现单一形体与复合形体间的互相转换。

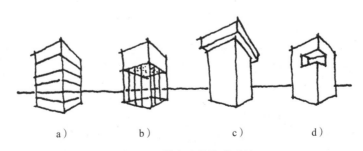

图 5-56　基本立体构成手法
a）划分　b）性质转变　c）体量增加　d）体量消减

1. 排列与整合

排列与整合的构成手法在建筑立体构图中主要对象是复合形体，多个元素可以按均等排列、集中排列、分散排列的方式整合为完整的复合形体，这几种排列组合间通常也可以发生互换（图5-57）。

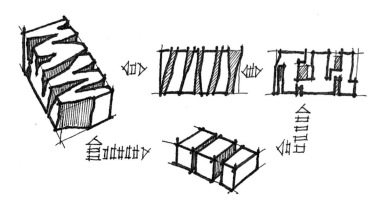

图 5-57　形体的排列与整合

均等排列是指构成元素按照一定的间距有次序地重复或者韵律排列，其规律使其成为一个整体。而集中和分散排列是较为笼统的概念，是指元素间距给人的疏密感，通过构图手段使其达到特有的位置关系（详情见上一节第一部分关于立体构图位置关系的论述）。如图5-58所示建筑是坐落于俄罗斯莫斯科市朱可夫街的行政

图 5-58　行政办公中心

办公中心，由俄罗斯本土设计师达利亚·扎瓦洛娃主持设计建造。该建筑由三个间距相等、大小不一、但外形相似的体块水平排列而成，形成整体，产生均等排列关系。

2. 局部替换

完整形体局部性质发生变化。可能被替换的性质包括：形状、材质、颜色、质感、体积。局部替换并非一般意义的元素组合、排列或穿插，而是具有传统印象的形体发生整体或局部的性质变化而产生的形态差异，打破人们对其原有形象的认识，产生思维上的反差。如图5-59所示建筑是由Hok建筑师事务所设计建造的萨尔瓦多·达利博物馆，萨尔瓦多·达利是20世纪艺术领域先锋，其作品具有里程碑意义，它的艺术作品充满对所处时代的反思和对传统的颠覆，该建筑的立体构图中运用局部替换的手法，意图展现对固有的打破，将一个规整的水泥立方体局部破开，用弧线玻璃体代替，从材质、形状、质感、体积等

多方面进行替换，多重对比中体现"打破"和"重建"的意象。

图 5-59　萨尔瓦多·达利博物馆

3. 体量的增加与消减

这是形体变化中的常用构图手法，而且这两种形式产生的结果不仅体现在立体形态上，更体现在建筑的功能、空间上的变化（在下一节关于空间的内容中会进行详细讲解）。在立体构图中体量的增减可导致形体的形状发生改变；形状发生改变的程度与增加或者消减体量的程度有关，增加或者消减体量的程度越大形变越大；增加与消减体量的方式可以分别进行，也可以同时作用于同一形体上；在立体构图中，增加与消减体量的方式都可能出现在形体的内部或者外表面。

形体的体积增减既适用于建筑构图也适用于城市规划构图和景观构图。规划与景观中对地形的高差控制都可以看作对基地的体积增减。建筑设计中，人视觉的认知存在一定惯性，因此对惯常所见的形体尤其是几何体进行局部削减时，根据完形心理学的封闭性原则，视觉会习惯性地将其默认为原有的形体（图 5-60），但是在进行体积增减处理时应注意削减的程度，如果体积削减过度，可能使其整体体态发生改变，此时的封闭性原则无法成立。

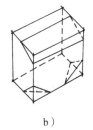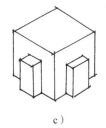

a）　　　　　　　　　b）　　　　　　　　　c）

图 5-60　体量的增加与消减
a）、b）消减　c）增加

（1）体积增加　对体积的增加应遵循适度的原则，可以分为局部增加或者整体增加。局部增加是指在现有建筑体量上局部增加体积或形体，根据完形心理的整体与封闭原则，建筑原有的形状与功能并未发生改变，例如增加凸窗、平台或者过廊等。而整体增加则是多建筑形体和功能的一种完全拓展，会对建筑立体构图产生更明显的影响。如图5-61所示，2011年莫斯科建筑双年展（ARCH Moscow）中获得二等奖的寄生办公室设计是由俄罗斯本土建筑事务所扎布尔建筑（zabor architects）设计修建，该方

图5-61　寄生办公室

案是对莫斯科城市空间再利用的有效尝试，莫斯科现存的大量赫鲁晓夫时期多层建筑，这些建筑立面形态呆板，且山墙间过道过宽，该设计方案利用这些建筑上墙间隙建造夹缝中创意工作空间，通过整体增加体积的方式连接现有体量，使之成为整体，并对原有建筑功能进行拓展（居住空间中增设办公空间）。

堆积是体积增加的其中一种形式，特指在垂直方向的体积增加，可以是部分堆积也可以是整体堆积，可以说一切超过一层的建筑从某种意义上都可看作是层与层之间的堆积，凡是拥有一定高度的建筑也基本都运用堆积的构图手法。

自古以来世界各地的匠师都在挑战建筑高度，作为宗教、权利、地位甚至整体国力的象征，能够建造出高耸的建筑已经成为各地民众孜孜以求追究的目标。古代建筑中常见的塔就是在较小的基地内垂直向上建造的构筑物，且塔的分级也正体现了建筑中相同要素层层堆积的构图手法。如图5-62a所示的嵩岳寺塔从整体形态上的就是由塔身的各级层层堆积而成，形成的竖向挺拔的形体。

由于用地紧张，地价上涨，近现代建筑拥有一直不断向上发展的趋势，随着材料与技术的不断进步，世界各地，尤其是中国的摩天大楼层出不穷，建筑高度也一直挑战着人们的技术水平。建筑构图中的堆积手法正是对建筑高度拔高的一种构图手法。现代建筑形态的堆积手法运用十分广泛，如图5-62b所示是由黑川

a）　　　　　　　　　　　b）

图5-62　中外建筑中的堆积式建筑构图手法
a）嵩岳寺塔　b）银座中银舱体大楼

纪章设计的银座中银舱体大楼，该建筑无论是建筑形式还是建造方法都采用了堆积的手法，建筑的每个单元都是由工厂预制而成，在现场进行"堆积"，该建筑于1972年设计建造，为了解决日本东京日益紧张的用地矛盾。建筑中的每个舱体为一个单身公寓，配备居住所需基本生活设施。堆砌而成的舱体理论上是可以拆卸更换的，但该理念并不实用，实际中的更换或添加价格昂贵，且过分狭小的空间给居住者带来压抑感和孤独感，过大的窗户又使舱体内部的隐私性降低。

建筑按照堆积的方向可以分为：垂直向的堆积、混合堆积。如上介绍的中国塔式建筑和银座中银舱体大楼就是典型的垂直向的堆积手法，还有高层住宅建筑也多为垂直向堆积方式。混合式堆积方式则是构图元素在水平向与垂直向均存在堆积关系。

按照对象分类，建筑中的堆积按照构成元素的属性可以分为：相同元素的反复堆积、不同元素的堆积。而这里所指的元素属性主要是形式、颜色、肌理等视觉要素，也有功能上的堆积，例如高层住宅的每一层均是相同的户型组合，则这座高层住宅可以看作是居住功能的反复堆积。反之则是不同元素的堆积。参与堆积的元素可能是属性或功能完全不同的形体或空间。

按照形式分类，堆积可以分为重复堆积、错落堆积和随意堆积。一般性板式住宅的每层叠加都是重复堆积的手法。错落堆积在建筑设计中也十分常用，如图5-63所示建筑群是由加拿大建筑师萨迪夫设计建造，"栖息地67"住宅区位于加拿大蒙特利尔圣罗伦斯河畔，是当地政府基于向中低收入阶层提供社会福利住宅的要求，尽量将住宅单元模块化，预制建造现场装配，达到降低建造成本的目的。建筑形体模数化的错落堆积使建筑呈现凹凸错落的立体空间形态，增强立体感。

图 5-63 加拿大"栖息地 67"住宅区设计

重复和错落堆砌是遵循一定原则的堆砌手法，且这种规则在建筑形体上可见，观察者能从立体构图感受到建筑的排列韵律。而随意堆砌的设计手法则是相对更加自由的，通常情况下，建筑立体构图中的设计原理与规律是视觉观察不宜发现的，这样的构图手法虽然自由，但有时会给人凌乱、无序的感觉。

（2）体积削减（图 5-60a、b）立体形体中的体积消减是在三维空间内进行的体块的变形，每次削减的发生都会对形体多个立面的形式发生改变，包括断裂、抽取在内的构型手法也都可以归属于体积消减。古典建筑中的柱廊就可看作是对体积的消减（例如希腊帕提农神庙）。近现代建筑也常使用该手法。如图 5-64 所示建筑是位于黎巴嫩贝鲁特的法国利瓦特银行总部大厦，

图 5-64 法国利瓦特银行总部大厦

该建筑整体形态是一个标准六面体，通过从顶部及中部三个方向的体量消减，创造出三处巨大的室外露台，成为交流与休闲空间。该建筑结构设计由斯诺赫塔事务所完成，通过多重钢结构的支撑解决建筑中部消减体量处承重问题。

利瓦特银行总部大厦是建筑体块消减案例，体块的消减规律性极强，而一些建筑本身并不具备明显的体块关系，因而可通过直接的体积消减产生建筑形体的不规则变化。

如图 5-65 所示是日本建筑师隈研吾设计的第一座北美住宅建筑：阿尔伯尼塔楼住宅。项目要求建筑与周围景观环境以及文化遗产紧密结合，通过融合各种空间感受和世界建筑特点进行建造，而隈研吾在自然光、材质的运用、建筑与自然融合等方面具有独特的敏感性，他也因此成为该设计的不二人选。该建筑位于温哥华市中心，是底层商业，总42 层的住宅建筑，该建筑的立体构图基底是一个方形体量，通过底部和上部对角处的两侧消减。在形体上形成两个凹空间，又通过一组完全契合且暴露在外的三维木结构对蜿蜒的外观进行补充强调，使立体切面更加圆润且层次感突出。

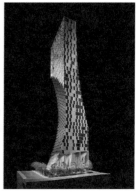

图 5-65 加拿大阿尔伯尼塔楼住宅

4. 划分

本章第一节立面构图中对立面划分进行过介绍，立面划分从视觉上体现为表面肌理

的划分，而立体构图中的划分则可以分为表面肌理线形划分和形体体块划分两种。表面肌理划分和形体体块划分互为因果关系。形体体块划分表现在立面构图中成为肌理划分，形体各立面的连续肌理划分构成立体线形划分。

立体与立面表面肌理线形划分的本质区别在于立体划分具有连续性，在多个角度均可以观察。立体划分根据形势可以划分为折线划分与曲线划分两种。立体构图存在空间关系，因此直线划分只作为立面划分的一种类型。

立体构图中的横向划分形式由立面之间的关系决定，如图5-66a所示建筑立面之间存在多种角度关系，因此层与层之间的横向划分的折线角度为立面之间的夹角度数。如图5-66b所示罗马斗兽场整体呈圆柱体，立面是弧形曲面，因此横向划分也是曲线划分。

a）   b）

图5-66　建筑立体线形划分形式

a）折线划分　b）曲线划分

上文讲到的立体构图中的排列、堆砌等组合形体构图方式也可以看作是形体体块的划分。因此功能、结构、空间关系都是影响建筑形体体块划分的重要因素，但只从形式角度入手，立体构图中形体体块的划分可通过以下四种方式完成：通过形状差异进行体块划分；通过体积差异进行体块划分；通过虚实关系进行体块划分；通过相对位置关系进行体块划分。

5. 变形

形体的变形是指形体以一个基本形状作为基础，通过构图手段使其形状与基本形状有差异（或视觉差异）的手法。立体构图中的变形可分为弯折、错位、破坏和扭曲。

（1）弯折　顾名思义弯折是指形式发生弯曲或折叠。根据施工要求，传统建筑中的墙体、楼板大多都是直线间的相互垂直或平行关系，因此构成的建筑形体多由规整的几何形体组成，随着建筑结构与材料技术的不断发展，结构与材料的多样化使建筑形式也发生了日新月异的变化，建筑形体的弯折是其中的重要表现。

弯折可以发生在建筑形体的水平向或垂直向。垂直向的形体弯折通常与建筑室内空间形式相关，而水平向的形体弯折程度则由结构工艺所决定（屋面、楼板的弯折）。如图5-67所示的白俄罗斯明斯克体育宫的屋顶就是一个大角度的轻微折线形式（水平向的结构弯折形成的形式折弯），这样的处理手法使整座建筑呈现向上抬头的即视感。而如图 5-68 所示是位于莫斯科克拉西娜大街的办公建筑，由俄罗斯本土设计师弗拉基米尔·普洛特金设计建造，该建筑被命名为"8°建筑"，其得名原因正是因为在其看似标准六面体的一角朝向正立面方向轻微 8°，这种细微的形体弯折使建筑透视中的形体轮廓产生巧妙的折线关系，改善了生硬的城市天际线。

图 5-67　白俄罗斯明斯克体育宫

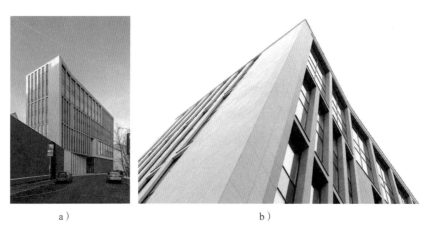

a ）　　　　　　　　　　　　　　　b ）

图 5-68　莫斯科 "8°建筑"

（2）错位　立体构图中的错位主要体现在体块之间。体块错位是建筑体块在 X、Y、Z 三个坐标上按照一定的量进行错动位移而发生的形体变形。

建筑立体构图中的错位可以分为水平向错位、垂直向错位和多方向错位。水平向错位效果是对立于对称和均衡的构图手法，错位构图的非均衡性使建筑具有动感。水平向错位可以使建筑依照基地状况（地形高差）及周边环境需求建造，是通过建筑各层平面之间的错位关系，使建筑形体整体发生视觉错位，例如图 5-69a 所示伦敦市政厅的玻璃幕球体结构，其每层平面都向同一方向错位一些，使建筑整体向一侧倾斜，产生非对称、甚至非均衡的错位效果。

　　垂直向的错位一般沿垂直向轴线形体逐层发生缩减或者增大而产生的形体变化。例如5-69b所示纽约帝国大厦裙房以上的塔楼是逐层缩减的体块堆积,产生垂直向错位效果。

a)　　　　　　　　　　　　　　　b)

图 5-69　体积错位实例

a)伦敦市政厅　b)纽约帝国大厦

　　(3)破坏　本身是贬义词,意为通过某种手段对事物产生损坏或伤害。而在建筑构图学中的"破坏"是中性词,意为对某种特定形式的打破或者改变、突破。建筑设计中的特定形式可以是标准形状、次序、配色规则、布局形式、构图关系等。建筑构图中的破坏可以分为设计因素中的破坏与非设计因素中的破坏两类。

　　设计因素中的破坏是建筑师可以营造的建筑构图中的与众不同,如图 5-70 所示建筑是由皮亚诺设计的 KPN 电信大厦。该建筑通过对正立面的反角倾斜构图方式给予建筑整体一种将要倾倒的视觉感,意在打破建筑固有的稳定性,产生整体动态效果。

　　另有一些建筑形体中的破坏是由非设计因素造成的形式上的打破,呈现出异样的艺术效果,历史建筑由于经历年代久远,造成自然或者人为、

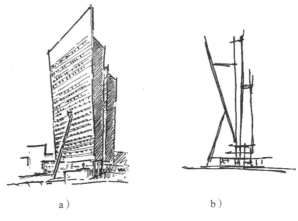

a)　　　　　　　　　　　　b)

图 5-70　建筑设计因素中的形体破坏

a)鹿特丹 KPN 电信大厦透视　b)构思图

战争的破坏最为常见。其中也有经济因素和技术因素造成的破坏,如图 5-71a 所示的法国斯特拉斯堡大教堂,因其只有一个塔楼所以又称为独角兽大教堂,其建造过程中由于资金并未完全到位,所以只修建了一座塔楼(古代欧洲教堂的建造规模一般是按照所在地区居民可同时做礼拜为标准,因此规模宏达壮观),这与当初对称式设计的初衷相违背。举世闻名的比萨斜塔的斜度也并未在设计建造的预料之中,而是在建造过程中发生基础与结构的倾斜,但依然建造完成,并成为世界建筑奇迹(图 5-71b)。无论设计因素还是非设计

因素产生的建筑形式的破坏都给观察和体验者带来另类的视觉感受，今天也已发展成为一种独特的设计手法。

（4）扭曲　解构方式的建筑构图手法，根据几何学中曲面和曲线的形成原理，将形体沿母线运动产生环形、弯折、曲线状的运动轨迹，该种形体（建筑）更富于动态感。自然界中的大部分自然形态是以曲线形式出现。扭曲的构图手法因此易于构建仿生或有机建筑。立体构图中的扭曲主要可以分为线形扭曲、面扭曲和体块扭曲三大类。

图 5-71　非设计因素中的建筑形体破坏
a）法国斯特拉斯堡大教堂　b）意大利比萨斜塔

例如盖里设计的毕尔巴鄂古根汉姆博物馆，其外部形态就是将多个几个形体进行扭转与弯折所生成的有机形态，是体块扭曲的代表建筑。

由 Hiroshi Nakamura 建筑事务所设计的日本带状螺旋婚礼堂是通过线的螺旋扭曲的手法生成的外部形态（图 5-72），建筑体形具有显著的缠绕感，中心轴线关系清晰。

图 5-72　日本带状螺旋婚礼堂

如图 5-73 所示建筑是位于美国费城 Intrepid 大街 1200 号的办公大楼，由 BIG 事务所主持设计建造。该建筑一经落成便获得由美国高层建筑与城市居住空间委员会所颁发的 2016 年美国最佳高层建筑大奖。建筑师巧妙将周边环境肌理以及不远处停靠的战舰外形曲线融入进设计之中，由各种尺寸的高强度混凝土预制板堆叠而成的形体立面顺着街道划出了一条优美的曲线，下层向内部后退，再以呼应街道的肌理的同时不影响顶部边缘的直线线形。该建筑与螺旋婚礼堂大角度的扭转不同，而是采用局部的细微扭转，有效控制体形系数的同时顺应环境形态与街道关系。

图 5-73 美国费城 Intrepid 大街 1200 号的办公大楼

6. 拆分与重组

建筑构图中的拆分是指将一个完整、规则的体块根据地形、形态、结构、功能的需求通过一定的构图手法进行分割的过程。拆分与重组是连续的设计过程，重组后的建筑形体可以是一个单体或一个组合形体。例如由 Transform·Cobe 设计的丹麦哥本哈根图书馆（图 5-74），图书馆是原先位于哥本哈根西北部文化中心的扩建部分，其造型意向来源于一摞书的拆分与重组，呈现出体块间的相互堆叠。体块的重组是根据不同年龄段读者阅读区域的功能分区布置为依据进行，重组后各空间的彼此交错为建筑室内各区域提供良好的采光与通风环境。

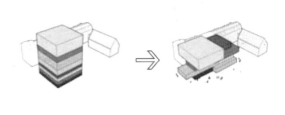

a）　　　　　　　　　　　　　　　　　　b）

图 5-74 拆分与重组实例：丹麦哥本哈根图书馆
a）透视图　b）概念生成图

第三节　空间构图

一、空间构图理论溯源

1. 科学界的空间观

老子《道德经》中有曰："凿户牖以为室，当其无，有室之用。故有之以为利，无之以为用。"可见2000年前中国的老子已经提出了类似于"建筑空间"的看法，认为室中"空"的部分才是真正有用的，只是《道德经》未对其进行确切的定义。

当代建筑界谈及建筑就必然会联系到"空间"，但直至18世纪，西方的各类文献中都未出现"空间"一词。直到19世纪，德国的一部分哲学家、艺术评论家和美学家才开始使用"空间"这个概念来讨论与批评建筑。德语中的"空间（Raum）"一词恰与"房间"一词相同，因此将建筑与空间联系在一起也就不足为奇。后经过德国艺术史学家沃尔弗林的发挥，"建筑空间"才于20世纪传遍欧洲并正式成为建筑设计的主宰。

既然现代"建筑空间"的概念起源于西方，古希腊文化是西方文化源头，同样也是西方建筑的发祥地。因此，对于空间概念的溯源应从对古希腊的"空间"概念入手。古希腊文献中有四个关于"空间"性术语（拉丁写法）：topos、chora、kenon、diastema。《洛布古典丛书（第四卷）》英文翻译的译者导言这样解释："希腊文的topos，这个词可以指place，相当于拉丁文的locus，也可指space，相当于拉丁文的spatium"。但是亚里士多德这里所指的只是place（处所），意指position（位置），而不是抽象的，绝对意义的space（空间）。可见在古希腊"空间"最早被提到是这个"词"本身，而非它的"意"（《道德经》中正相反，有了空间的含义，只是未明确空间这个词），古希腊人对于"空间"的认识正体现了古代西方对于"空间"的认知。

近代西方世界建立起的空间的概念是源于牛顿的物理学理论。《牛顿研究》一书系统总结了牛顿的理论研究，作者法国科学思想家亚历山大·柯瓦雷在书中写道："空间的几何化，也就是用均匀的、抽象的——无论我们现在认为它是多么真实——用欧几里德几何刻画的度量空间，来取代前伽利略物理学与天文学所采用的具体的、处处有别的位置连续区。事实上，这种特征的赋予几乎等同于把自然数学化（几何化），因而也几乎等同于把科学数学化（几何化）。……牛顿的世界主要就是由虚空构成的。"牛顿秉承将笛卡尔的思想，将自然万物数学化，将自然纳入三维坐标系进行探讨，但他反对笛卡尔将空间视为物质的延展，而是将物质与空间完全区分，人文物质由坚硬的、互不相同的、稳定的、彼此分离的微粒构成，它在无限同质的虚空，即空间中运动，万有引力把物质、空间、运动统一在一起，构成牛顿的物理世界，它本质上，是可以测量和计算的数学（几何）结构。这种将自然数学化的思想完全颠覆了自古希腊以来的传统宇宙论，它不再是一个有限的、异质的、天地有别的、可爱可恨、充满灵性的感性世界，取而代之的是一个无限的"空间观"。

2. 中外建筑界空间概念的建立

"空间"一词建筑中的解释与哲学、物理学范畴中的概念有所差别。建筑中的"空间"不仅拥有维度和物理学中区域的含义，同时更是心理上的感知。

西方建筑界空间的概念的建立是源于：巴黎美术学院体系（"布扎体系"）在教学教育中对"空间"的概念的引入。"布扎"体系是一个知识体系相对开放的发展体系，其对建筑发展趋势的持续追求使其教育内容随时代与条件始终在调整。在此前提下，"布扎"体系吸收了具有现代性的"空间"概念，并很快将"空间"概念与传统的建筑"构图"原理相结合。这种结合也在西方各国建筑界同步进行。20世纪50年代中期"空间"与"构图"的结合基本成熟，如在1952年哥伦比亚大学组织编写的长达四卷的《20世纪建筑的形式与功能》中，第二卷"构图原理"中就将建筑视为空间艺术，其中的"构图"根据"空间"概念进行了调整。

德国建筑师森佩尔第一个将"空间"作为现代建筑设计核心的设计师，他的"空间观"深受黑格尔美学影响，弗里德里希·黑格尔在其《艺术哲学》中大量使用空间这一概念。森佩尔早期大量关于建筑起源的研究中多次提到建筑的本质在于空间的围合，认为创造建筑空间是建筑设计的发展方向，建筑物应当是限制和围合的空间，围合是建筑的目的。

20世纪30年代，苏联确立了"社会主义现实主义"的艺术创作方向，建筑向复古主义回归，建筑学则也向"布扎"体系回归。尽管苏联将西方现代建筑作为资本主义思想的产物进行了批判，尤其批判了西方现代建筑的"空间"。但对建筑"空间"本身却并不排斥。在苏联大百科全书"建筑艺术"一部中仍然明确地将内部空间配置看成是建筑创作的对象之一。20世纪的苏联与俄罗斯建筑设计与研究中空间与空间体量的研究成为热点，而其中最主要的成就莫过于将"空间"与"构图"的结合，形成系统的"空间构图理论"，该理论深入挖掘了诸如空间体量、空间比例、空间立面、空间构成、空间组成、空间立体布局、空间立体处理等概念及其设计手法，为当代建筑空间设计做出了极大贡献。新中国建筑"空间构图"的概念与理论引入主要源于苏联。

二、空间构图特征

1. 空间的定义及其相关概念

"外部形体是内部空间的反映"。本书前面两节讲解的立面与立体构图都是从外部形态的角度出发研究建筑构图学，本节则探究建筑与形体生成的实质：空间，掌握空间组成的原则和技巧，再结合前两章所学的立面与形体构图技法，才能做出"表里一致"的精彩建筑设计。

除了和形式的关系外，建筑空间与功能和结构的关系十分紧密。千差万别的功能赋予建筑千变万化的空间形式，而合理的空间组合方式也能将建筑功能最大限度地进行优化。而各种空间尺度与空间形式则需要坚固、合理的结构体系支撑。

与立面和立体构图相同，空间构图中的基本构成元素也是点、线、面，但空间构图是以更加宏观的视角，探讨点、线、面、体作为环境要素（内、外部空间环境）的构图方式。

《辞海》中对空间定义：空间是物质存在的一种形式，是物质存在的广展性和伸张性的表现……。可见空间是一个广义的概念，它依托于实体存在，又不是实体本身，实体可以成为它的一部分，却绝不是它的全部。这也就是实体与虚空的关系，建筑本事、建筑群、构筑物、景观小品、植物都是实体的物质，而它们构成的和所处的虚空的范围就是空间。

根据上述定义可以认为空间是一个立体的范围，由所处于这一范围内的所有实体的和虚空的元素组成。研究空间需要首先理解以下空间概念：空间的容积、空间的围合、空间体积（体量）、空间的尺寸、空间的比例、空间的尺度。

（1）空间的容积　空间连续不断地包围着形体与物质，这个范围就是空间的容积。空间的容积可以是有限的也可以是无限的，这就形成了有限空间与无限空间。

（2）空间的围合　围合是一种限定范围和限定空间的方式，用来区分内部和外部、他人与自己的空间，围合从形式上分为两种：严格的围合与柔和的围合。这两种形式的选用主要与空间的功能相关，当内部空间无需防卫，或者防卫要求不高时，柔和的围合可以提供更多的可能性，例如在阻隔的同时保留空间的联系性和内外部的关联性。

（3）空间体积（体量）　建筑界通常会将"空间体量（Raumplan）"与奥地利建筑师、建筑理论家阿道夫·路斯联系在一起。但事实上该词并非直接出自路斯本人之口，而是由他长期以来的合作者及学生海因里希·库尔卡和弗兰兹·葛尔克在1930年出版的第一本作品集时总结路斯建筑设计思想时所提出。库尔卡与葛尔克总结称："空间中的自由思考，将空间布置在不同的水平层上而不局限于某个确定的楼层，将相关联的空间组织到一个和谐而不可分割的整体中，从而形成对空间的最为经济的利用。根据房间的用途与重要性，各个房间具有不同的大小和不同的高度。"这仅是描述性的概括，对"空间体量"并未做出明确的定义，路斯本人的一段描述更具有定义性："这是建筑领域的一个伟大的革新：在空间中解决平面问题……就像人类最终将成功地在立体中下棋一样，未来的其他建筑师将在空间中解决平面问题。"确切地说空间体积不关心每个水平高度上的平面形式变化，只关注三维空间之间的相互关系。也因此，本书中并未将平面构图作为一种构图形式讲解，而是将其纳入空间构图中进行分析。

（4）空间的尺寸　尺寸是衡量空间大小的标准，空间的尺寸实际是围合空间的界面尺寸，界面围合的空间尺寸由界面尺寸决定，有些空间是没有界面的（开敞空间）或界面不全的（半开敞空间），因此空间可以分为"有尺寸的空间"和"无尺寸的空间"。但是"无尺寸空间"也拥有范围，此时范围的大小成为衡量空间尺寸的对象。

（5）空间的比例　空间的比例只存在于有尺寸的空间中，空间与空间之间具有比例关系，空间各组成部分之间拥有比例关系，空间界面也拥有比例关系。比例是空间构图中的重要因素，也是进行空间构图的主要手段。

空间尺寸和比例决定其视觉尺度感，无限空间没有具体的尺寸和比例，有限空间的基本比例关系有以下几种（图5-75）：

1）等比例空间：高度、宽度、深度基本一致的空间。

2）深空间：深度远大于高度、宽度的空间。

3）宽空间：宽度远大于高度、深度的空间。

4）高空间：高度远大于宽度、深度的空间。

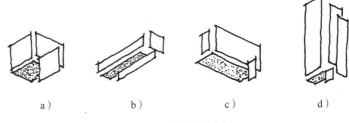

图 5-75　空间的比例
a）等比例空间　b）深空间　c）宽空间　d）高空间

（6）空间的尺度　空间因其构成手法、组成元素关系、元素属性和界面尺寸与比例等因素影响会给人带来不同的视觉尺度感。例如较少的空间元素使空间显得空旷，会使视觉产生较大的空间尺度；空间中较小参照物也能反衬出较大的空间感觉；空间界面的不同色彩（膨胀色与收缩色的选择）同样带给人不同的尺度感。具体见第四章第二节的相关内容。

2. 空间的分类

空间有多种分类方式，建筑构图中常用的分类方式有以下几种：

（1）按照容积范围分类　有限空间和无限空间，即上述提到的"有尺寸空间"与"无尺寸空间"，有限空间是其容积可以用尺寸度量的空间，例如，庭院空间、室内空间、车内空间等。无限空间是指范围没有界限，可无限延展，容积无法度量的空间。例如，宇宙空间、天体空间等。

（2）按照范围界限内外分类　内部空间，外部空间，过渡空间。范围界限以内的空间称为内部空间，内部空间都是有限空间。范围界限以外空间称为外部空间，外部空间可以是无限空间，当然也可以是有限空间，如图 5-76 所示，庭院内带外廊的住宅建筑，以建筑的外墙作为范围界限，建筑室内的部分是内部空间，庭院部分是相对的室外空间，也就是外部空间，但庭院内的空间也是有限空间。介于建筑与庭院之间的门廊空间是联系内外的半开敞空间，该空间无论从空间属性还是功能上都起到过渡作用，是过渡空间，过渡空间有时也被称为缓冲空间。

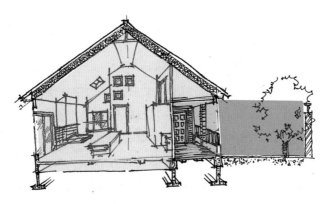

图 5-76　按范围划分空间

（3）按照限定程度进行划分　封闭空间、开敞空间与半开敞空间。封闭空间是指各个方向均被界面围合，与外界无直接相连的空间；开敞空间一般是指直接与外部空间相连的空间或者外部空间本身；半开敞空间是指局部与外界相连空间。此处所指的开敞的程度是个相对概念。以图 5-77 为例：图 a 为封闭空间，进入空间的途径需要打开其中的一个界面或界面局部（建筑中的门扇）；图 b 为半开敞空间，该空间局部与外部相连，界面中存在局部的非封闭区域，与外部相连的渠道有一定限制；图 c 为开敞空间，整体与外部相连，与外部的连通顺畅。而以图 5-76 为例：室内部分为封闭空间、庭院为半开敞空间（有限的开敞空间）。

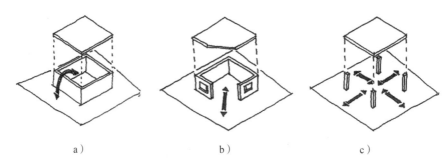

图 5-77　按限定程度的空间分类
a）封闭空间　b）半开敞空间　c）开敞空间

三、空间形态

1. 空间形态的构成条件

新建造技术和新材料的层出不穷逐渐打破传统六面体空间观念的束缚，也推动空间形态的灵活变化和分隔，以适应越来越多变的社会审美和建筑功能需求。

空间是无形和虚空的，因此空间形态通常是指空间界面特征与构成元素关系所组织的视觉形象或视觉感受。建筑的空间形态是指建筑元素（点、线、界面元素）限定产生的内部形状以及构成其空间的所有界面及其元素的整体特征。建筑空间分为内部空间、外部空间与过渡空间（缓冲空间）。决定建筑空间形态的属性包括方位、大小、形状、色彩、肌理、光影等。

空间形态的构成条件包括以下几个方面：

（1）构图要素（点、线、面、体）与空间形态

1）点与空间形态。无论是在平面、立面、形体上，还是在空间中点都代表一个位置。点可以在空间内或空间的界面上。两个以上的点形成线，产生方向，而三个和以上的点则对空间起限定作用。视觉上的点被默认为线段的端点，平面上的点可以构建视觉上的空间形状，通过改变平面上点的位置可以改变空间的形态（图 5-78）。例如英国的巨石阵在平面上就是若干的点形成的圆形图案，围合成的圆形空间（图 5-79），这种点对空间的限定是基于完形心理学的直接经验原则，人的视觉习惯性地将点进行"串联"，使

之连成人们熟悉的形态。完全由点元素构成的空间通常是开敞空间。

图 5-78　点元素与形态

图 5-79　英国巨石阵

2）线与空间形态。点的移动形成线，点沿垂直方向平移就形成了垂直线，垂线的一侧端点在平面上，控制空间的基本形状（图 5-80a），而垂线的长度则控制空间的高度，而点元素形成的空间不具有高度。建筑中最常见的垂直线元素是柱。三条垂线的平行排列形成的空间拥有体积（图 5-80b），多条垂线的平行排列组合空间（图 5-80c）。水平向的线同样可以创造空间（梁是建筑中典型的水平线），如图 5-80d 所示，垂线与水平线的组合构成限定空间（有体积的空间）。

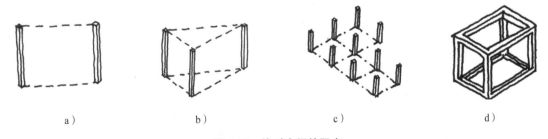

　　a）　　　　　　　　　b）　　　　　　　　　c）　　　　　　　　　d）

图 5-80　线对空间的限定
a）面的形成　b）线与空间　c）线的矩阵形成组合空间　d）线与空间体积

由于结构需求垂直与水平线成为建筑设计与建筑构图中最常用的空间构成线，但在实际建筑设计中任何形式和任何方向的线都能成为限定空间的工具。如图 5-81 所示是由意大利建筑师伦佐皮亚诺和英国建筑师理查·罗杰斯夫妇共同设计的蓬皮杜艺术中心（图5-81a），该建筑位于法国巴黎市中心的博堡大街，建成于 1977 年。建筑形态的独特之处就在于金属结构和管线的暴露，该建筑通透的玻璃幕墙部分从视觉上对内部空间并没有绝对的限定，即没有视觉上的界面限定，整体形象基本都由线形元素（金属结构与管线）构成。且除了直线外，很多细部的空间由曲线、直线与折线的组合关系构成（图5-81b、c）。

图 5-81　蓬皮杜艺术中心

a）外观　b）室内空间　c）交通空间

3）面与空间形态。线的移动形成面（图5-80a）。由面形成的空间最直观易懂，通过面与面的连接形成空间表皮，由面形成的空间形态是由界面的形状、尺寸、肌理、数量和面与面的连接方式所决定。

构成空间的面可分为平面和曲面两类。最常见的平面组合方式是相互垂直与平行的平面组合，形成六面体、甚至立方体空间（图5-83a）。同时，平面能通过多种角度的组合形成各种折面，如图5-82所示的建筑墙面爆炸图可以看到，地面是水平面，四个方向的墙是垂直面，屋顶是水平方向由两个面组成的折面。该建筑的内部空间由六个面在垂直和水平方向共同组成。

界面组织方式差异带来空间形态的变化是显而易见的，以顶面形式差异为例：图5-83所示为三组建筑空间中常见的界面组织形式，图

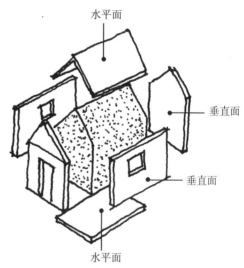

图 5-82　面组合形成的建筑空间

a，当对向界面相互平行、邻边界面相互垂直时形成平屋顶建筑空间；图b，当顶面与侧面的形成非直角夹角时，顶面呈现一定坡度，形成单坡顶建筑空间形式；图c，当由两个顶面，且顶面呈顶角状布置时，形成双坡顶建筑空间形式。

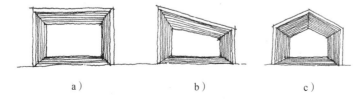

图 5-83　界面形式与空间

a）平顶空间　b）单坡顶空间　c）双坡顶空间

立面的组织方式同样影响建筑内部空间形态。如图 5-84 所示为福建番仔洋楼外廊三种基本形式，其立面层次的变化由构面数量即组织形式决定，由此产生的立面层次关系使内部空间也产生层次关系。

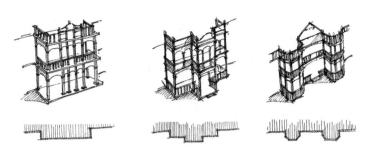

图 5-84　形体立面划分与空间形式的关系：福建番仔洋楼外廊三种基本类型

根据上述例子可以看出，立面、平面、形体与空间之间存在必然的因果关系。建筑空间界面的组织形式就是立面与顶面的组织形式，不同的界面组织方式产生不同的平面布局与空间形式。

平面构成的空间形式主要由面的组织方式决定，而曲面构成的空间形态主要由曲面的自身形式所决定。建筑中最常见的曲面形式有球面、拱形屋面、单页双曲面，例如国家大剧院的球体空间，和图 5-85 所示的深圳湾体育中心的建筑表皮由一个连续拱形曲面构成，形成圆润的内部空间。曲线带给建筑自然的流动之美，而由曲线形成的曲面（曲面可看作由曲线平移、放样或拉伸而形成）具有同样的视觉感觉。

图 5-85　深圳湾体育中心的建筑表皮呈现的连续拱形曲面

4）体与空间形态。体本身是三维形态，体与空间形态的关系可以归为体围合的空间和体内部的空间两类。

体围合的空间：体块与体块之间的间距就形成空间，此时体元素与点元素的作用相似。城市中的开敞空间，例如街道、广场、庭院等都是由建筑体块围合成的空间形态。如图5-86 所示是美洲某镇住宅街区顶视图，图中阴影部分显示的区域是由建筑围合而成的休闲广场，该区域就是由建筑体块围合而成的开敞空间。

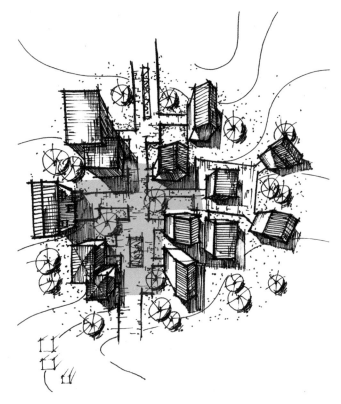

图 5-86 体围合出的空间

体内部的空间：体可以看作是面的平移形成的实体，也可以看作是由面围合而成的拥有内部容量的体，这样的体的内部容积就是体内部的空间，空间的形态是由体本身的形态和形成体的各界面的形态决定的。

（2）空间形态与体积（体量） 仅有限空间具有体积（体量），空间体积由空间的形状、平面尺寸和空间高度决定。体量的变化包括整体变化与局部变化，整体变化是指空间的深度、宽度和高度同时发生增大或者缩小，此时空间各尺寸变化，但形状与比例关系不变。

体量的局部变化是指决定体积的三要素长、宽、高中的其中一个或者两个的尺寸变化，在此情况下空间形状、尺寸和比例均发生变化，具体情况如下：

1）高度不变，宽度、深度发生改变（图 5-87）。高度一定的情况下，宽度、深度发生变化时，空间的平面形状随之发生改变，空间形状随之变化。空间平面的比例关系决定其空间特点，通常由空间功能所决定，如图 5-87a 所示空间长、宽比例差别大，且开放界面位于长边时，该空间内外视线交互情况最佳，适宜用于对视线要求高的空间，例如运动场看台空间等；如图 5-87b 所示空间长、宽相似，形状趋向于正方形的空间更加适合家具摆放及室内流线组织，因此适合作为主要的功能使用空间，例如办公室、教室、卧室、客厅、餐厅；如图 5-87c、d 所示空间长、宽比例差别大，且开放界面位于短边时，该空间内外视线交互情况差，但对人流和视线有良好的引导性，适合用作走廊等对人流引导要求高的空间。

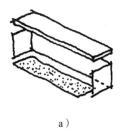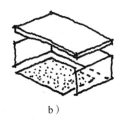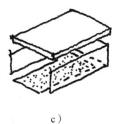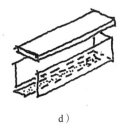

a） b） c） d）

图 5-87 宽度、深度比例与空间形态关系

2）宽度和深度不变，高度发生改变（图 5-88）。空间平面尺寸和比例保持恒定，空间高度进行增减。运用在建筑设计中的典型理论是"大教堂效应"，该研究是由 Joan Meyers-levy 和 Rui（Juliet）Zhou 于 2007 年在《Journal of Consumer Research》杂志中发表的文章上提出其研究结论：通过实际生活中的测试表明，较高的空间会使人感觉"自由"，处于低矮的空间内使人感觉"压抑"，所处空间的高度甚至会影响空间内人的思维方式，高空间有助于抽象思维和创新思维的培养，低空间则有助于具体思维和逻辑思维的培养。这项研究也表明了空间形态与人类思维之间的微妙联系。空间高度同样与功能和结构密不可分，人流密集的空间需要较高的空间高度保证气流的通畅，例如车站、机场等候大厅等。

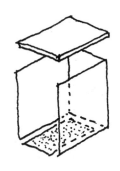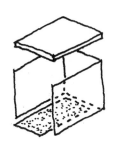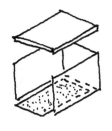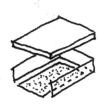

图 5-88 高度与空间比例

（3）使用者行为与空间形态　使用者行为同样影响空间形态。Elizabeth Barlow Rogers 在 1987 年发表了《Rebuilding Centeral Park：A Management and Restoration plan》记录了纽约中央公园景观改造中应用偏好路径的实例，该实例也是开敞空间设计应用人类行为学的最佳范例：纽约中央公园的道路重建，就是根据多年来由公园访问者所创造的偏好路径铺面，从而达到更加符合人们行为习惯的空间流线。不仅是空间改造，在空间的初期设计中就应首先考虑使用者的习惯、需求和行为方式，空间的形体也应随着人的活动路径而生成。如图 5-89a、b 所示为单一流线需求下的空间形态，而图 5-89c 所示是复合流线需求下的空间形态。

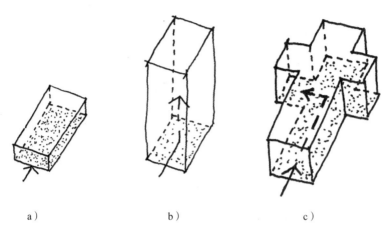

<table>
<tr><td>a）</td><td>b）</td><td>c）</td></tr>
</table>

图 5-89　行为流线与空间形式

2. 视觉与空间形态

对立面和形体的观察是以外部视角进行的，对空间形态的观察视角通常在空间内，因此更增加体验感。空间是由界面、空间元素组成，因此空间的视觉感觉由界面、元素和视点位置所决定。

（1）界面的平面布局与空间　除界面形式外，界面的平面布局形式同样影响空间形态，如图 5-90 所示属性相同的垂直界面在平面内的布局有两种关系：平行与相交。空间中视线的透视使不同的平面布局给人不同的视觉感受。对比图 5-90b、c 两种界面布局形式可以发现两个相同尺寸的空间在不同视角下呈现不同的视觉感觉，内收的空间显得狭长，而开敞的空间显得开阔。

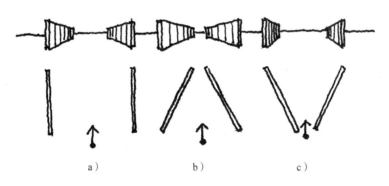

<table>
<tr><td>a）</td><td>b）</td><td>c）</td></tr>
</table>

图 5-90　界面关系与空间形态

（2）元素位置与空间形态　空间由界面及其中的各种元素共同构成，比如房子除了拥有墙和屋顶外，还有门、窗、家具、电器等共同构成房子的内部空间。空间界面恒定不变，视点固定的条件下构成元素所处的位置决定空间的视觉感觉。如图 5-91 所示，相同界面和平面布局的三个空间内，当相同元素处在远离视点位置、接近视点位置和紧挨视点位置时，由于视觉上的近大远小和元素对视线的遮挡产生空间视觉感觉发生变化。

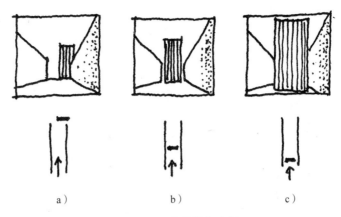

图 5-91　元素位置与空间

（3）视点位置与空间形态　视点在空间中的移动影响对空间形态的判断。视点在空间中的移动轨迹可以分为垂直向和水平向。

如图 5-92 所示，由于透视关系的存在，视点沿垂直向移动时空间界面发生形变；视点沿水平向的移动同样会产生空间界面的视觉形变，空间形态随界面的形变而变化。

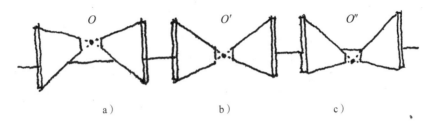

图 5-92　视点位置与空间形态

四、空间构成方法

古希腊时期并未建立"空间"的概念，通常使用"场所"进行指代，哲学家亚里士多德并不了解虚空的含义，而是将场所看作是包容物体的边界，是物与物之间的相对关系，他这种对"空间"的理解影响哲学界和建筑界直至近代。今天人们对于空间已经有更清楚的认识，但构成虚空（没有实体）的"空间"同样需借助于界面和构成元素这些物质实体，构建空间就是创造界面与界面、元素与元素的关系，这样的构成手法与亚里士多德的"场所观"不谋而合。

简而言之，空间构成就是将诸多实体要素通过一定的手法组织与划分，创造其美学和功能秩序的过程。与立面和形体不同，空间不仅通过视知觉进行感知，同时需要考虑使用者的行为方式及其体验，正是由于其具有强烈的参与性，因此进行空间构成时应解决以下三个核心问题：

1）了解构成元素属性（基本属性与材料属性）：色彩、形状、尺度、肌理、光影等。

2）控制元素间空间关系：相对位置与距离。

3）根据使用者的观察视角与行为流线对空间进行调整。

基于上述构成问题，可以总结出以下四种空间构成方法：基于元素属性的空间构成；基于划分方式的空间构成；基于元素位置的空间构成；基于轴线关系的空间构成。

1. 基于元素属性的空间构成

空间构成根据元素的属性关系可以分为同属性元素空间构成与不同属性元素空间构成。同属性元素是指元素的形状、材质、尺寸、比例、色彩等均相同的元素，同属性元素构成的空间会呈现良好的统一性，但这种空间中往往主次关系不明显，同属性元素空间构图一般通过创造元素的位置关系来完成，位置布局可以依据功能、流线要求或构图关系。例如藤本壮介设计建造的 Setonomori 住宅是其代表，该建筑组团中共有 26 个形式、结构、材质和空间（正方形平面与双坡屋顶，反光材质外围护结构）完全一致的单体，散布于濑户内海附近的山坡上，项目设计根据当地山脉层次而建，道路与台阶步道穿插其中将零散空间串联。各单体建筑形式虽然一致，但相对随意且抽象的排列方式创造出与自然环境相融合的生活情境，相同的 Setonomori 住宅成为环境中的主要构成元素，构成场地空间内建筑与环境的完美融合。

如图 5-93 所示是由 BLAUW architecten + FARO Architecten 设计建造的荷兰鹿特丹水上九住宅。三组住宅建筑坐落于水上，每组建筑由三个单体构成，共用一个屋面。组与组之间、建筑与建筑之间均相同，但三组建筑被水道分开，通过位置关系的联系与环境融为一体，给在此生活的居民一种与水共生的特殊氛围以及时刻与水互动的体验感。

图 5-93　鹿特丹水上九住宅

不同属性元素空间构成的形式较多，其中最主要的方式有：利用尺度差异、利用色彩与材质差异、利用形状差异、利用比例差异。

（1）利用尺度差异进行空间构成　空间构成元素的尺度关系影响空间整体构图效果，主要体现在以下四方面：

1）使空间的整体尺度感发生变化：空间的整体尺度是由构成元素的尺度所决定。例如：墙面包裹的室内空间，墙面越大室内空间越大。

2）改变空间的整体构图关系：空间中元素尺度的大小有时会决定空间中各部分的主次关系。元素尺度的改变也会改变原有的对称或韵律关系。

3）带给人不同的空间感受：尺度、体量相对较大的元素容易给人雄伟的视觉感觉，元素尺度将改变空间的尺度，狭小的空间使人感觉局促、低矮的空间使人感觉压抑、高大宽敞的空间使人感觉开阔。

4）改变空间的动态与静态属性：通过元素尺度的变化会使空间序列产生尺度渐变的韵律关系，渐变韵律可在一定程度上使空间产生动态感，详情见第四章第四节的相关内容。

如图 5-94 所示是由伦佐·皮亚诺设计位于法属新喀里多尼亚的南端首府努美亚的吉巴欧文化中心，皮亚诺因为该设计获得了当年的普利兹建筑奖。建筑主体形式灵感来源于本土的棚屋形式，十个尺度大小不一的棚屋通过平面上的线形排列，产生良好的空间秩序。该设计被评价为：展现的是一种高技术与本土文化、高技术与高情感的结合。

图 5-94　吉巴欧文化中心

空间元素的尺度变化通常能够产生构图中的反差、对比或韵律关系。

（2）利用色彩与材质差异进行空间构成　空间构成元素属性除体量、尺度外，元素色彩与材质的变化也能改变空间的构成关系。这些差异构成将空间进行区分，使人产生心理联想：

1）决定空间的区域划分：根据相似性完形原则，色彩属性相似的元素容易被看作一个整体而被划分至同一区域内。

2）决定空间的整体氛围：例如暖色和暖色材质使空间显得温暖、舒适，白色或灰色的冷色调空间显得整洁、冷静且秩序井然，参见第二章第二节相关内容介绍。

如图 5-95 所示建筑是由 NPS Tchoban Voss 建筑事务所设计的改造项目，位于俄罗斯圣彼得堡的季节综合体建筑，该综合体由三座分别代表春、秋、冬的建筑构成，建筑是以一个苏联未完成的工业结构为基础，加建两层结构和印花图案玻璃幕墙，无论是建筑外观印花还是室内装饰都选取三个季节代表性图案与色彩，使其产生区分，并由此构成独特的室外空间意向和室内空间氛围。

图 5-95　季节综合体建筑

（3）利用形状差异进行空间构成　如图 5-96 所示是由 Adrian Smith + Gordon Gill Architecture 事务所为哈萨克斯坦阿斯塔纳 2017 博览会设计的会展中心竞标方案。该方案通过形状对空间功能进行划分，建筑主题展厅是一个直径为 80m 的玻璃球体，围绕圆心环绕着数个形状不一的花瓣状展厅，局部由两廊相连。建筑形状将场地围合出圆形广场和交通空间，同时室内空间形状也与建筑形状相一致。

图 5-96　阿斯塔纳 2017 博览会会展中心竞标方案

（4）利用比例差异进行空间构成　空间元素比例分为空间自身的比例关系与元素间的比例关系。在上一部分关于空间形态构成条件的论述中已经阐述了空间长宽高各部分比例与功能和结构的关系，同时空间自身比例影响使用者对空间的感觉。

2. 基于划分方式的空间构成

与构建立面和立体形态相比，构建空间形态需要拥有更加宏观的视角，并且需要分阶段进行，才能达到良好的空间构成效果。解决上述问题的前提是：空间形态的划分和构成元素属性的调整。空间划分可以从以下三个方面进行：

1）基地划分：空间所处基地的划分。

2）界面划分：围合空间的面的划分。

3）体量划分：构成空间体的划分。

（1）空间基地划分　基于划分空间构成中的最初阶段是对空间所处基地的划分。对空间基地的划分可以分为水平划分和垂直划分。

1）基地水平划分。对基地的平面划分分为直线划分和曲线划分，而直线划分又可以分为横向划分和竖向划分两种。横向划分是指沿基地平面宽度的划分，空间基地宽度是以人行为的开始端（空间的入口）为参照的，而空间基地的竖向划分则是沿人的行为方向进行的划分。无论是横向还是竖向划分都存在层次，如图 5-97 所示，空间层次存在不同的尺寸关系，空间层次根据尺寸关系分为均匀划分、渐变划分和随意划分。如图 5-97a 所示均匀划分是指空间基地各层次尺寸相同，如图 5-97c 所示为渐变划分，该划分的空间尺寸按照一定的规律递增或者递减（一般遵循一定的韵律规律）。划分中也有部分渐变或者部分均匀的划分形式，如图 5-97b 就是部分均匀划分。如图 5-97d 所示为随意划分，随意划分从形式、尺寸上没有必然的固定形式，但通常是根据功能和结构要求进行的划分方式。如图 5-98 所示空间基地的竖向划分和横向划分拥有相似的层次关系。

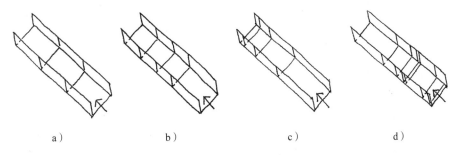

a）　　　　　　　b）　　　　　　　c）　　　　　　　d）

图 5-97　空间基地横向划分的层次

单一方式的直线划分，各空间之间只有串联或者并联关系。建筑空间基地很少只有一种直线划分方式，通常横向与竖向划分混合使用，如图 5-99 所示对空间的混合划分，混合划分可以使空间分为若干组成部分，且各部分间彼此相邻产生串联与并联共存的空间形式，更易于组织空间功能、流线和朝向。

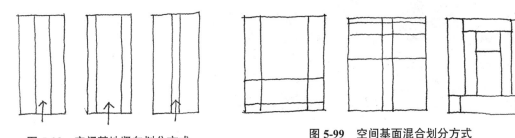

图 5-98　空间基地竖向划分方式　　　　**图 5-99　空间基面混合划分方式**

2）基地垂直划分。垂直划分是通过对基地地形高差处理进行空间划分。建筑空间中的地形高差变化可以是自然地形变化，也可以是人工创造的地面高差。空间中地形的高差变化可进一步明确空间中的构图关系，核心元素置于场地中较高的位置，可进一步增加元素高度，确立其核心地位，这样的处理手法在建筑设计中十分常见：标志性、纪念性建筑物会设置在较高的阶梯或基座上。如图 5-100 所示构筑物是位

图 5-100　白俄罗斯二战胜利纪念碑

于白俄罗斯明斯克市的二战胜利纪念碑，建造在地势较高的丘陵上，设置蜿蜒而上的阶梯，体现其地标性及其纪念意义。

基地地形高差变化会直接影响所处空间中的人对空间构成元素视角的改变，也会影响人在空间中的行为。基地地形变化形式可以分为两类：逐级抬起或下沉，上下起伏。

如图 5-101 所示，逐级抬起是指人在空间中的行为方向沿垂直向持续上升，人的视线向上，是仰视状态，在仰视视角下观察到的空间元素显得比实际尺度高大、挺拔，但会出现前景物体局部遮挡后方物体的情况。如图 5-102a 所示是以人眼的高度在仰视视角下观察建筑物，可以看到前方的建筑裙房虽然低矮但依然对后方的高楼局部遮挡。

逐级下沉的情况则正好相反，此时被观察元素的体量显得比实际尺度略小，但视野开阔，观察者易于看到低处的全景，如图 5-102b 所示鸟瞰视角下可以观察大面积成片建筑全景。

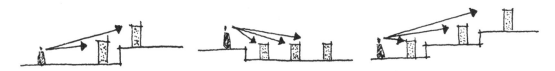

图 5-101　逐级抬起或下沉的水平向高差

a）　　　　　　　　　　　　　　　　　b）

图 5-102　仰视与俯视对建筑的观察（吴小路拍摄）
a）仰视视角　b）俯视视角

空间中上下起伏的地形会使人的行为发生多样变化，同时所处空间中对元素的观察视角也更为多变。如图 5-103 所示上下起伏地形下某些角度的视线被完全遮挡，部分空间元素无法被观察到。

图 5-103　上下起伏的水平向高差

当空间构成元素处于较高水平高度时，对其观察的情况取决于观察者与其的水平高差及与观察者之间的直线距离。如图 5-104 所示，当观察者与元素间的高差过大时，观察者无法观察到该元素，此时观察者与元素可以看作是处于不同空间内，但当观察者与元素间距离较远，虽然水平向高差巨大，但元素在观察者视线范围内时，构成元素与观察者还是可以看作处于同一空间内。

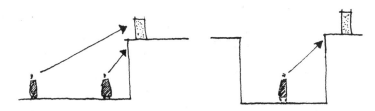

图 5-104 水平向高差与人视线关系

（2）空间界面划分

1）界面划分数量与空间形态。空间界面空间形态构成方法中的重要一种，空间界面划分方式有：水平界面划分和垂直界面划分。水平界面划分是通过铺地形式、顶面层次变化、高差的变化等方式产生。上一部分所提到的基地划分是水平向划分的一种形式。垂直界面划分是通过增加构图元素（门、窗、柱、立面装饰、屋檐等）的方式产生。

如图 5-105、图 5-106 所示，无论是水平界面划分还是垂直界面划分，由于透视关系，划分数量的增加都使空间的层次感增加，且从视觉上增加了空间的景深。

图 5-105 空间水平界面划分　　　　　图 5-106 空间垂直界面划分

空间界面的划分并非只是界面区域的分割，更多情况是基面内构图元素的数量和组合关系。如图 5-107 所示的两个街巷，其空间尺度相似的情况下，较为丰富的建筑立面（垂直界面）带来了街巷的层次感，也从视觉上拉伸了街巷的深度，带来更加理想的空间感受。

a）　　　　　　　　　　　　　　　b）

图 5-107 不同空间垂直向划分方式的视觉感觉

2）界面划分方式与空间形态。空间界面的划分方式也同样影响空间形态。不考虑划分数量的因素，当划分方向是沿透视方向时，从视觉上空间深度会有所增加。而当垂直界面上是沿垂直方向划分，空间视觉上的层次感会增加（图5-108）。

如图5-109所示的欧洲街景可以看到其沿街建筑立面上既有景深方向的划分也有垂直方向的划分，使整个街道空间产生良好的深度且空间层次感丰富。

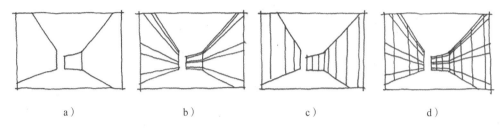

a）   b）   c）   d）

图 5-108　常见的城市沿街立面划分方式

图 5-109　城市沿街立面上的划分

3. 基于元素位置关系的空间构成

上文介绍过当空间内元素属性相同时，元素位置关系成为空间构成的主要要素，其实元素的位置关系在所有空间构图中都是十分重要的构成要素。

从方向上元素间位置关系可以分为垂直方向关系和水平方向关系，与立面、立体构图一致，空间构图元素位置关系包括彼此分离、相互接触、穿插和融合等几种，而垂直向位置主要是叠加和穿插。在更多情况下，立面与立体构图中的元素位置关系是空间构图中位置关系的表现。

4. 基于轴线关系的空间构成

轴线是没有端点的线性元素，空间构成中的轴线是使空间关系达到对称或均衡的想象线，虽然是想象线，无法通过视觉捕捉，但是轴线却具有极强的支配力和控制力，存在轴线关系的空间构图中所有元素都被轴线所"制定"的对称或均衡关系安排在相应的位置，最终达到空间构成的效果。轴线在空间构图中具有以下作用：确立空间核心、划分空间、确定元素属性与组织元素关系、定位元素方向与位置。

1）确立空间核心：同为空间的构成元素，即使属性相同，位于轴线上的元素较轴线两侧元素的地位更突出，成为空间核心；位于主轴线上的元素较位于次轴线的元素地位更突出。例如我国传统民居中的正房与厢房，位于主要轴线上的正房为院落的核心建筑。

2）划分空间：轴线是空间中的想象线，构成元素与轴线的关系可以是围绕轴线，也可以是分列两侧，此种属性使轴线无形中将空间进行划分。空间中的轴线可以是一条或者多条，也就是存在主次轴线的分别，因此轴线可将空间划分为多个部分。

3）确定元素属性与组织元素关系：轴线的存在使空间构图中的元素具有对称或者均衡关系。

4）定位元素方向与位置：轴线是线性元素，具有明确的方向性，因此通过轴线支配和组织的构成元素，其方向和所处位置跟随轴向确定。

空间构图中的轴线可以分为直线轴线、折线轴线、曲线轴线、放射轴线四种：

1）直线轴线：直线轴线可以是横向的也可以是竖向的，如图 5-110 所示横向轴可位于建筑空间的平面上，竖向轴可位于建筑空间内或建筑立面上。

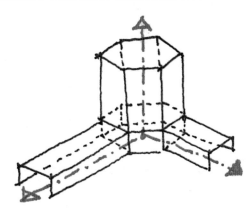

根据轴线数量进行划分，直线轴线可以分为单一轴线和复合轴线两类，单一直线轴线是一条想象直线，用以串联和平分空间中的构成元素，形成的构图多数为对称关系。如图 5-111 所示是位于意大利的阿尔多布拉蒂尼别墅，由贾克莫·德拉·波尔塔于

图 5-110　各方向上的直线轴线

1598~1603 年设计修建，其中建筑主体与庭院均位于一条直线轴线上，空间构图呈现明确的对称关系。

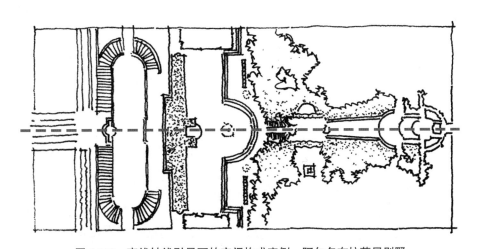

图 5-111　直线轴线引导下的空间构成实例：阿尔多布拉蒂尼别墅

复合直线轴线形式较多样，最常见的是垂直轴线与平行轴线两种。这两种轴线关系产生的构图形式以对称式为主，如图 5-112 所示的中国传统四合院平面布局中就包含有垂直与平行两种轴线关系，我国传统城市空间中街巷的井字布局也都是按照这两种轴线关系布置而成。这样的轴线关系中通常都存在主、次轴区别，如图 5-112 中四合院的南北向轴线是其主要轴线，东西向轴线与入口轴线则是次要轴线，因此正方坐北朝南，符合中国传统建筑对方位的要求。

复合直线轴线关系还包括非垂直交叉轴线，两条轴线彼此交叉，不分主次。如图 5-113 所示由彼得·伯林设计的纽约州阿迪朗达克住宅平面中就存在这样的两条轴线。非垂直交叉轴线关系所构成的空间形式都非对称关系。

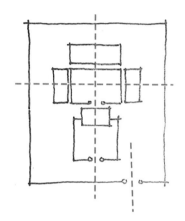

图 5-112　复合轴线引导下的空间构成
实例一：中国传统四合院平面布局分析

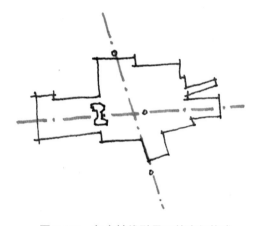

图 5-113　复合轴线引导下的空间构成
实例二：阿迪朗达克住宅平面轮廓分析

2）折线轴线：折线轴线可以看作是直线轴线首尾相连形成的具有连续性的轴线关系。折线轴线无法产生整体对称构图，局部有可能出现对称关系。基于折线轴线构成的空间富于变化，人在空间内无法一次性看到空间尽端，增加了空间内行为的偶然性。如图 5-114 所示的日本东照宫总平面布局是沿一条蜿蜒的连续折线轴线设置，正殿部分局部为对称关系。

3）曲线轴线。两点之间曲线距离大于直线距离，因此，空间内沿曲线轴向布置的元素数量较直线轴线多，曲线的一侧面阔大于另一侧，也大于直线轴线面阔，因此需要一侧空间较大时，可以选择曲线轴

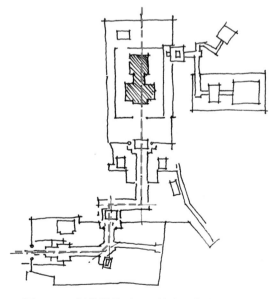

图 5-114　折线轴线引导下的空间构成实例：
日本东照宫

线的空间构成方式。

　　圆形被认为是最完美的图形，因此圆形线被认为是曲线中最优美的曲线。立面构图中常用圆形作为辅助线进行构图，圆形也是空间构图中最为重要的辅助线。如图5-115所示建筑为理查德·迈耶设计的罗马千禧教堂。建筑包括教堂和社区中心两部分，两部分由中庭相连。建筑最大的特点是三座由三百多片预制混凝土板砌筑而成的风帆形混凝土曲面墙。就空间作用而言，这些墙以曲线方式划分建筑功能：分隔出礼拜室。如图5-115c平面可以发现，这种曲线的空间划分和并列的位置关系并非随意勾画，而是通过三个半径相等的圆形通过平移、切割形成。正是这种圆之间的构图关系使身处室内的人们感受到安全的包裹感。圆形构图在建筑立面上同样得到印证（图5-115b）。

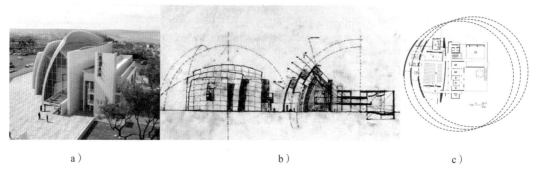

a）　　　　　　　　　　　　　b）　　　　　　　　　　　　　c）

图5-115　千禧教堂空间构图分析

a）透视　b）立面　c）平面

　　再有如图5-116所示的日本不知火医院急救护理中心，是由长谷川逸子于1989年设计建造，建筑面积1508m²，建筑整体结构呈扇形布局，形态呈明显的向心性，采取内廊式，沿曲线内廊轴线两侧安排病房及科室，曲线轴线造就位于南侧的病房面宽加大，给予南侧病房更良好的采光面。

图5-116　曲线轴线引导下的空间构成实例：日本不知火医院急救护理中心局部

　　4）放射轴线。放射轴线是复合轴线的一种，多条轴线从某一原点发散状展开，整体构图呈现向心性。

　　如图5-117所示的是位于意大利佛罗伦萨的由布鲁奈列斯基于1434~1436年设计修

建的圣玛利亚布道所，平面空间布局形式是放射状，平面形式沿任何一条轴线均为对称关系。

冈田新一设计事务所于 1996 年在日本宇都宫市设计建造了总面积 9388m² 的宇都宫美术馆，如图 5-118 所示，其展览部分平面沿 120° 角均匀环绕于中心展览室，展室的三条轴线交汇于一个圆心，呈现出明显的三条放射性轴线。

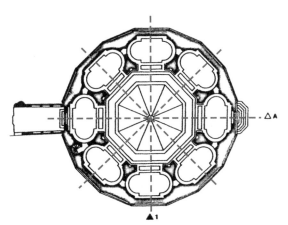

图 5-117　放射轴线引导下的空间构成实例 1：圣玛利亚布道所

图 5-118　放射轴线引导下的空间构成实例 2：日本宇都宫美术馆

五、空间构成工具

空间是三维概念，具有极强的体验性，一般性的平、立、剖面通常无法清晰反映空间形态，因此采用模型进行立体的空间推敲与设计是有效的方法。空间构成模型可以分为手工制作的实体模型和计算机绘制的数字化模型。

实体空间模型是通过使用模型材料（纸张、木板、PVC 材料、有机玻璃等）切割成相应的面、体元素，根据一定的序列、原则和视角将其进行组织，这些构成元素形成图形序列的同时也将所处空间进行有秩序的划分，从而达到空间构成的效果。其显著特点是直观、灵活、

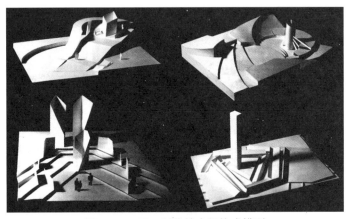

图 5-119　手工制作的空间构成模型

操作简便、价格低廉，可随意变化角度进行观察和改动。模型本身既可视也可触，对空间制作的同时对构成元素的属性认知清晰。如图 5-119 所示是四组利用白色卡纸制作的建筑空间推敲模型。

数字化模型是通过计算机操作而生成的虚拟模型图像，利用计算机建立的数字化模型，同样可以达到空间建构的效果，甚至视觉效果更优。较手工模型的优势是操作快捷、干净、安全（减少了切割、粘贴的步骤）、易于修改，且成图效果好，可以制作较为复杂的模型图像。如图 5-120 所示就是利用计

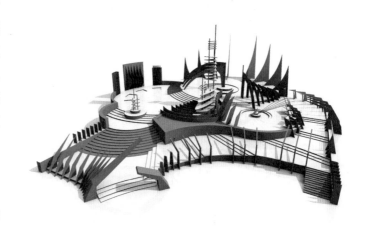

图 5-120　计算机绘制的数字化空间构成模型

算机制作的较为复杂的数字化模型图像。但弊端也十分突出，数字化模型只能通过视觉将信息传达给人眼，无法直观的感觉模型及其构成元素的属性：材质、体量、尺度等，且数字化操作工具（鼠标、数位板等）操作灵活性较徒手操作局限性较大。因此笔者推荐空间构成的形态推敲阶段使用简单材料进行手工草模制作。而最终的展示模型和图样模型使用计算机绘制，两种手段相搭配可以产生更好的空间构图效果。

六、空间组合形式分类

空间组合的基本形式可以分为三类：串联式、并联式和混合式。空间构图对视觉要素的要求远低于立面和立体构图，而更强调功能与人的行为需求，因此空间流线是其重点，其基本分类正是基于行为流线进行的分类方式。

1）串联式：该空间构成形式中各组成部分之间互相串联，具有极强的空间连续性和次序关系，空间功能关系紧密、彼此递进且前后照应，同时对流线进行严格限定，不易遗漏，但也缺乏选择性。例如工厂的生产车间具有工艺流程的前后顺序，空间设置基于这种顺序关系依次进行；展示空间一般也采用串联式空间，设置单一流线，避免观展遗漏。

2）并联式：该形式是通过交通联系（走道）或一个处在中心位置的公共部分（门厅等），连接并置的各使用空间。此形式下，空间互相独立，各使用部分和交通部分功能明晰，也是最常见的一种空间组合与划分方式。例如大部分旅馆客房部分、公寓式住宅、医院病房楼、教学楼等。

3）混合式：这种组合方式混合使用以上两种形式，一般用于更能复杂、分区多的建筑内部空间。该形式内通常会有多条流线设定，建立复杂的功能联系。

除按照功能与流线进行分类的方式外，内部空间还可以按照构图形状进行分类：直线式、环绕式和自由式三种。虚空的空间进行划分时使用界面，而组合时则通过轴线确

定构图形式。

1）直线式：各空间按照直线轴向进行排列的构图形式，如图 5-121a、b、c 所示直线轴可以是一条或者多条，且可以是串联或并联式。

2）环绕式：各空间沿环绕形曲线轴线进行布置的构图形式，如图 5-121d 所示。环绕式组合围绕的圆心部分通常是室内交通或内部庭院空间，也可能是室外空间，形成室内外空间的直接交互。

3）自由式：该空间组合方式不按一定的轴线关系进行，构图形式随机性强，但通常遵循完形心理学的接近原则，加强关系紧密空间之间的构图联系，如图 5-121e 所示。

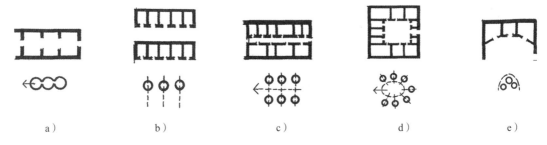

图 5-121　水平要素分隔的三种形式

a）、b）、c）直线式　d）环绕式　e）自由式

如图 5-122 所示建筑是 Jean Bocabeille Architecte 设计建造位于巴黎的 Monts Et Merveilles 集合住宅。该项目是集居住、宗教、商业及医疗等功能于一身的小型综合体，其住宅部分空间主要运用内廊式的直线布局方式，使各户之间形成并联关系。如图 5-123 所示建筑是由 Heatherwick 建筑工作室设计建造的新加坡南洋理工大学学习中心，其各层空间自下而上层层出挑、逐层增大，每层都围绕中间的庭院空间，即与中间的庭院空间形成环绕式空间布局关系，进入每个室内空间的出入口均向内，布局关系呈现明显的向心性。

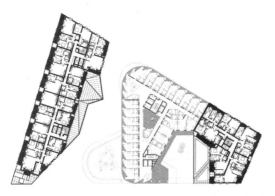

图 5-122　巴黎 Monts Et Merveilles 集合住宅多种
平面布局方式的结合

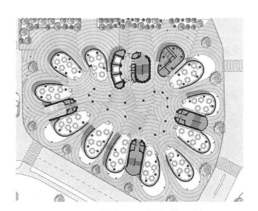

图 5-123　南洋理工大学学习中心

作者对灾后临时安置房几种空间布局方式的相关研究采用空间组合的构图分类原则。灾后（尤其是地震后）临时安置房为达到迅速搭建、迅速入住的目标多为聚苯乙烯夹芯板移动板房，为达到使用空间的利用最大化，通常采用矩形平面布局，一侧开门、对侧开窗的形式，以保证人流和采光、通风需求。现在我国使用的移动板房空间组合方式大多采取图 5-124 中的第一种直线单排并联方式，出入口直通室外，作者通过调研分析对可能的空间组合形式加以拓展，直线式布局增加单排交错和双排平行的四种形式，同时跳出直线式框架尝试 L 形、环绕式、螺旋式布局，其中 L 形是直线式的拓展与延续，而环绕式和螺旋式布局通过曲线轴线的限定生成（图 5-124 与图 5-125）。

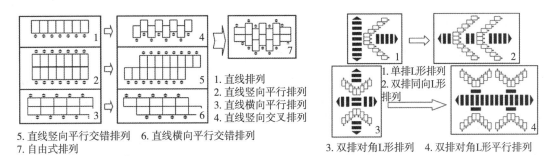

1. 直线排列
2. 直线竖向平行排列
3. 直线横向平行排列
4. 直线竖向交叉排列
5. 直线竖向平行交错排列　6. 直线横向平行交错排列
7. 自由式排列

1. 单排 L 形排列
2. 双排同向 L 形排列
3. 双排对角 L 形排列　4. 双排对角 L 形平行排列

图 5-124　灾后临时安置房空间布局 1

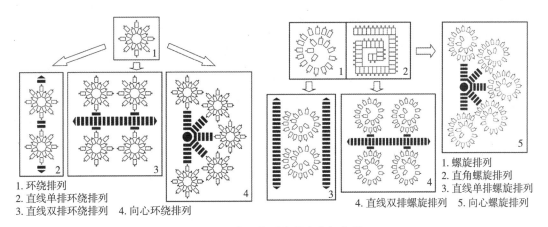

1. 环绕排列
2. 直线单排环绕排列
3. 直线双排环绕排列　4. 向心环绕排列

1. 螺旋排列
2. 直角螺旋排列
3. 直线单排螺旋排列
4. 直线双排螺旋排列　5. 向心螺旋排列

图 5-125　灾后临时安置房空间布局 2

双排平行的四种形式增加了建筑密度和临时安置点容积率，而 L 形、环绕式和螺旋形式及自由式布局形式虽然从建筑密度和容积率方面没有欠缺，但增加空间内流线方向与数量，更有利于消防疏散，同时对场地布局构图形式有所改善。以上临时安置房的空间组合方式的提供给临时安置点更多样的设计选择。

七、建筑内部空间

建筑空间一般是指建筑的内部空间。弗兰克·劳埃德·赖特曾指出："建筑的内部空间才是建筑的真相。"路易斯·康也认为："房间是建筑的开始。"由此可见建筑内部空间之于建筑的重要性。

建筑内部与外部空间是相对概念，所谓建筑内部空间是直接满足使用者生理和心理需求的三维室内环境，原始人类的一生大部分时间都在户外，而现代人类活动更多的都是在室内进行，个人私密活动在私人室内空间：个人公寓、住宅内，多人集体活动或群体活动在大型公共空间：在商场购物，在学校学习等。

我国建筑设计行业普遍存在建筑与内、外部空间分离设计的情况：规划和景观设计（外部空间设计）、建筑单体设计、室内设计（内部空间设计）。通常室内设计师与建筑师之间分阶段进行设计，导致建筑内部空间环境有时与建筑整体形式与风格不协调，因此本书将室内空间设计纳入建筑设计阶段，从功能、结构、使用者行为出发，介绍内部空间的构图与设计原则，对整体设计进行指导。

1. 建筑内部空间组织与划分

建筑内部空间通过划分要素的不同可以划分为垂直要素划分、水平要素划分和其他弹性分隔三种划分方式。

（1）通过垂直要素进行分隔

1）绝对分隔。建筑空间中的垂直要素为实体材质且从地面至屋顶形成封闭的内部空间。其优点是防御性强、抗干扰性强、隔声良好、室内环境稳定、私密性好，且适合营造神秘感，一般的教堂类建筑为营造庄重感会选用绝对隔绝的方式进行分隔。但绝对分隔空间较为封闭、压抑，与周围环境互动性差。建筑内部的实体隔墙或没有门、窗的外墙都属于垂直要素的绝对分隔。如图 5-126a 所示是由 FCC Arquitectura 事务所设计的葡萄牙塞拉餐厅室内空间，空间两侧封闭的木质墙面拉长了空间进深，将人的视线锁定于前方窗口处。

2）局部分隔。用片断式的，或者虚实相间的垂直元素（屏风、较高的家具、植被、不到顶的隔墙等）来对空间进行划分的分隔形式称为局部分隔。限定度的大小强度因垂直元素的高低、大小、形态、材质而不同。如图 5-126b 所示是由 Jakob & Macfarlane Architects 事务所设计的法国里昂码头橘立方室内效果，其空间分隔墙采用局部开洞的方式，虚与实穿插间对空间进行划分，也并不妨碍空间之间的交流。

3）象征性分隔。片断的、低矮元素：如家具、悬垂物、水体、植物等，柱杆、花格、构架、玻璃等半遮蔽的、通透的垂直向隔断对空间进行划分的形式称为垂直向的象征性分隔。这种分隔方式的限定度低且空间界面模糊，侧重于心理效应，使人产生界限，追求似有似无的分隔氛围的营造。如图 5-126c 所示是位于巴黎的爱马仕时尚女装店室内设计，RDAI ARCHITECTURE 事务所使用白蜡木为材料"编织"出若干独立的室内小木屋，通过通透的视线分隔和行为划分纠正室内大空间的空旷感。

a）　　　　　　　　　b）　　　　　　　　　c）

图 5-126　垂直要素分隔的三种形式

a）葡萄牙塞拉餐厅室内空间　b）橘立方室内空间　c）爱马仕时尚女装店

（2）通过水平要素进行分隔　同一内部空间中存在不同的地面或屋顶高差变化就是水平要素的空间划分，即存在不同的空间高度，这种空间体量的变化手法出现很早，阿道夫·路斯的体量空间，俄国构成主义的空间体量设计都是给予同一空间中不同的高差赋予空间变化，这样的变化不仅是空间形式的需求，同时追随功能与结构需求。空间内同一水平面利用色彩、材质、绿地等也能利用视觉传达心理暗示而产生划分效果。水平向具体的分类如下：通过地面高差进行分隔（图 5-127a）；通过空间高度进行分隔（图 5-127b）；水平向的象征性分隔（图 5-127c）。

a）　　　　　　　　　b）　　　　　　　　　c）

图 5-127　空间水平要素划分形式实例

a）丹麦 3XN 建筑事务所船屋办公室　b）肯尼迪国际机场 TWA 航站楼　c）巴西圣保罗玩具仓库

（3）其他弹性分隔　该类分割要素没有确切的方向性，在空间中的开启方式和位置不固定，例如自然光影会随着时间的变化而发生，也会照射在空间的不同界面上进行空间划分。其他还有利用拼装式、折叠式、升降式、直滑式等活动装置等分隔空间（例如卷帘、滑动屏风等），可以根据使用要求随时移动或启闭，空间也就随之或大或小，空间可以根据使用者需求、功能或形式弹性变化。

2. 建筑内部空间尺寸

前文已经提及，建筑空间尺度是建筑整体或局部给人的主观感受与其真实尺寸之间的关系，内部空间尺度感也被理解为空间尺寸大小与人体尺寸大小的相对关系，因此建筑内部空间尺寸是决定其尺度的重要因素。

内部空间尺寸要从两个方面进行阐述：一方面是内部空间自身的构成尺寸（包括进深、开间、高度、构件、装修等）；另一方面是指建筑内部空间尺寸与人体比例的关系，相关内容在第四章第一节关于比例的论述中也有介绍。建筑内部空间为人所用，人的室内活动受到空间围合界面与空间构成元素的影响，因此设计时应尽量以人体尺寸为模数，同时兼顾功能和人的心理感受。

如图 5-128 所示是作者设计的灾后临时安置点内临时小学与临时中学教室内部空间尺寸。教室尺寸严格依照人体工程学，保证最合理空间利用，以初中为例：依据《建筑设计资料集》（第 3 版）中的表述，我国 15 岁男子的平均身高为 1680mm，我国成年男子肩宽与身高的比例为 1：3.2，由此得出 1680mm/3.2=525mm，因此临时初中教室内的走道宽度以 600mm 为宜，每个学生的学习空间以 1000mm × 800mm 最合适，教室第一排课桌前沿与黑板的水平距离应 ≥ 2000mm，得出如图 5-128b 所示临时初中教室平面图和其最佳尺寸：6m × 3.8m = 22.8 m²，容纳 18 名学生。根据相同方法计算出临时小学教室的最佳尺寸为 5.2m × 3.3m = 17.16 m²，也容纳 18 名学生。临时中小学教室室内前后开窗（前窗为门上方高窗），窗地面积比均控制在 1：5.0，保证良好的采光与通风，门宽 900mm。

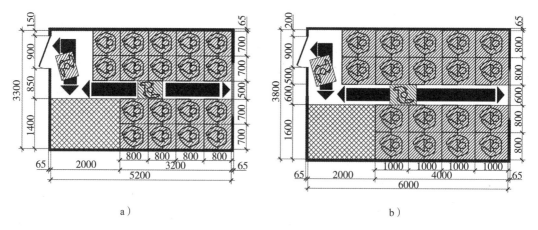

a）　　　　　　　　　　　　　　　　　b）

图 5-128　灾后临时中小学教室空间尺寸设计

a）临时小学教室　b）临时初中教室

八、建筑过渡空间

过渡空间并非只是连接建筑内部与外部的场所，而是联系两个或两个以上属性不同空间的特定区域。建筑的过渡空间可以处于内外空间的交汇处，也可以处于建筑的内部，还可以是建筑外部空间的延续。过渡空间依存于内部和外部空间，无法独立存在。

1. 过渡空间的意义

建筑设计中的过渡空间可以是交通空间、休闲甚至是具有一定使用功能的场所，例如出入口与廊道的引导作用，建筑室外平台的人际交流作用，庭院中的就餐、休憩和运动，建筑门廊中的展示空间等。过渡空间绝非只能用作"过渡"，而是更加包容性的场所，它的设计中理应考虑更多因素与内涵。

现代的建筑设计开始更加注重过渡空间的设计。设计师已经意识到建筑绝不仅是将人与自然分隔的"盒子"，建筑为人提供人身保护的同时也应尽量使人亲近和感受自然，过渡空间正是建筑与环境之间的纽带。

西方现代建筑中过渡空间已经得到大量应用，产生出很多成熟的空间塑造手法。随着社会与经济发展，建筑观念的改变使人们对建筑空间和功能有了更多的追求，过渡空间以其在建筑中的连接和统一作用而越来越被建筑师重视。随着建造技术和材料的发展更新，过渡空间不再拘泥于传统建筑形态，空间范围被拓展，界限变得模糊，甚至界面变得可有可无，建筑融于自然、自然渗进室内，人也成为游弋于空间与自然之间的构成元素。建筑的各种功能和空间之间都存在统一性和秩序性。"空间秩序"的建立是一种统摄全局的空间设计手法，而在空间秩序中，过渡空间是串联起所有功能空间的"纽带"。过渡空间在建筑空间的组合中不可或缺，无论是对于建筑本身的功能联系还是对建筑意义的表达和诠释都可以成为点睛之笔。

2. 过渡空间的特性

过渡空间拥有连接性、过滤性、模糊性、多义性、体验性、邻里效应、缓冲性等特性：

（1）连接性　连接各属性空间是过渡空间的主要意义和功能，建筑设计中的过渡空间可以是连接室内外空间的场所，也可以是内部空间的交通部分或者公共部分，或者连接两个室外空间的特殊区域。

良好的过渡空间处理手法可以使各组成部分之间达到功能、结构、形式的整体统一。过渡空间的连接性可避免建筑各部分间硬性的转换，形成功能、结构和功能的和谐。

通过过渡空间的连接使两个不同形式和氛围的空间加以融合，空间情境得以起承转合，顺利而平和地继续进行。设置过渡空间避免了两种空间生硬而突兀的转换，减少界面对视线的生硬阻隔，使空间之间连成整体，同时使人的行为活动产生连贯性，是空间和时间上的统一连接。过渡空间的连接性可以体现在水平方向和垂直方向上。水平方向上的空间连接形式主要有如图5-129所示的六种形式：平行相邻、桥接、叠加、灵活相邻、居中、环绕。例如楼梯间、通高中庭等则是垂直方向的过渡空间，这样的空间加强了空间体量的感受，使空间连接三维化。

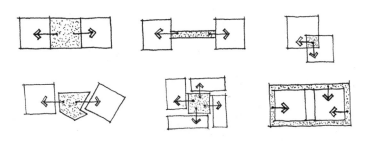

图5-129　过渡空间对各空间的连接

（2）过滤性　过滤是去其糟粕、取其精华，空间中同样存在不尽如人意的空间和让人愉悦的空间。例如，一座漂亮的公园旁有一座垃圾中转站，公园中的人会尽量远离垃圾中转站气味所辐射的区域，久而久之这个公园内的区域就成了一个人迹罕至的空间，用心的设计师在此通过绿化、水系、屏障等方式对其进行改造，就出现了介于公园与垃圾中转站之间的过渡空间，这样的空间通过一定的区域尺度和相应的元素配置为公园中的人过滤掉垃圾带来的不悦感。另如图5-76所示带庭院的住宅建筑，作为过渡空间的庭院部分会临近交通道路，与道边树一同过滤道路机动车带来的尾气、噪声、光污染。以上这些都是城市空间中过渡空间的过滤性。除上述直接可见的过滤外，过渡空间同时具备人的精神、心态上的过滤功能，环境优美的过渡空间可以带给人愉悦的心理感受。

（3）模糊性　现象表现出的不确定性被称为模糊性。建筑的过渡空间具有介于内部空间与外部空间的模糊性，这种模糊的"似是而非"正是过渡空间的魅力所在。过渡空间并不一定有明确的界面围合，即便有，通常也是"柔性边界"，通透的玻璃幕墙、半围合的室内空间都在似是而非间将环境与建筑融为一体。基于完形心理学的整体原则与接近原则，人对空间的感知会将模糊空间自动归类于内部或外部空间，也因其模糊的不确定性，无形中将内外空间联系为整体，在模糊的过渡空间中，人容易找到不同空间之间的平衡，达到心理状态的平衡过渡。

过渡空间的模糊定义同时体现在空间界面与范围。不同对象的空间范围差异巨大。一个空间可以有若干过渡层次；多个空间也可组成大范围的整体过渡空间。例如，想要到达某个建筑的特定功能区域时，需要穿过其门厅、庭院、走廊等多个空间区域，这些区域形成多重层次及多空间串联的过渡空间范围。

（4）多义性　过渡空间处于两个或两个以上空间的交界处，被连接的空间都具有自己的构成要素、功能和属性，这些特征会对相邻的过渡空间产生影响，由此使过渡空间可能具有多重特征及属性，过渡空间因此产生多义性。

相邻空间之间的功能导致其特征和属性有时会有较大反差。例如，动态与静态空间：体育馆的运动场和休息区；公共与私密空间：酒店内的餐厅与客房；现代与传统空间：博物馆的古代馆和现代馆。相冲突空间之间的过渡空间同时承载两者的功能和特征，从这个意义上说过渡空间也是空间的胶粘剂。

（5）体验性　任何类型的建筑中，过渡空间都是人与人接触最多的场所，功能空间中通常使用者相对固定，是固定人群的交流场所，而过渡空间中人与人的接触则具有较大的偶然性。作为空间的主体，人的行为和思维感知诠释了空间的意义，过渡空间中不同人群的行为交互、思想交互和信息交互构成其丰富的体验性。

知觉现象学创始人梅洛庞蒂曾说过："空间情节源于对生活的体验，目的是唤起感觉、幻想和记忆，在体验中获得秩序感、场所感，在体验中审美升华自获得场所精神。"建筑中的体验不只是人与人之间的体验，对静态的建筑构成要素、界面甚至空间本身同样能进行体验，从进入空间的一刻起人便开始体验建筑，知觉器官不断接收空间信息和刺激，对建筑的理解逐渐加深，经历一个感知、认知再到认同的心理过程，当一切空间元素作为媒介或象征符号给人留下印象后，人们开始根据自己的理解和想象产生自主的认知，并在心中描绘出空间情境，这是空间体验带给人的情境感。

好的建筑设计其空间组合给人的体验感像看一部精彩的电影，感官刺激的同时带给人情境感，过渡空间连接着一个又一个建筑情境，为情境之间创造无形的秩序，建筑师设置的概念通过这样的秩序被使用者逐步得到体验。中国的传统匠师自古就善于利用这样的手法去营造空间氛围，例如，苏州园林中亭、台、廊、阁共同营造出曲径通幽的情境，让人游历其中，甚至无法区分哪是建筑？哪是环境？处处是室外空间、处处又是过渡空间。

（6）邻里效应 中国自古讲"远亲不如近邻"。所处空间相邻或者共用同一公共空间的人均可以称为邻里。邻里之间的绝对距离近，接触频率高，共处时间长，拥有相似利益，基于以上这些特点，彰显了邻里的重要性。建筑设计中的邻里因素体现得尤为重要，如何保证公共空间使用量的合理划分，保证个人隐私不受邻里干扰，邻里间的亲密度如何维系等都是建筑设计中需要重点考虑的要素。个人的内部空间具有很高的私密性，邻里关系的建立阶段通常在相对公共的场所进行，过渡空间承载着这样的场所意义。

（7）缓冲性 各地的气候条件差异巨大，寒冷地区重点需要保温；热带地区重视通风和隔热；而各地又都要考虑采光。建筑中的过渡空间中人的流动性大，因此对物理环境的要求没有主要功能空间高，因此可以将气候条件较差的朝向作为过渡空间承载交通、短暂交流等功能（例如外廊、凉台等），起到应对自然气候的缓冲作用，此时的过渡空间也被称为缓冲空间。

九、建筑内、外部空间的交互

"空间基本上是由一个物体同感觉它的人之间产生的相互关系所形成。"日本建筑师芦原义信用这句话表明了空间、建筑与人的关系。芦原义信还进一步指出："外部空间是由人创造的，有目的的外部环境是从自然当中由框框所划定的空间，与无限伸展的自然是不同的，是比自然更有意义的空间，因此，自然是无限延伸的离心空间，相对地，外部空间是从边框内建立起的向心秩序的空间。那么，外部空间的设计也就是创造这种有意义的空间的技术。"建筑空间设计的实质就是处理环境与环境、建筑与环境、建筑与建筑、人与建筑、人与环境之间的关系。而绝对分隔的建筑内部空间易给使用者带来压抑的心理感受，人长期处于压抑的心理状态会严重影响人的心理和生理健康。因此，除了具有特殊要求或者特殊意义而不应与室外环境有所交流的建筑（如宗教类建筑、防御类建筑、仓储类建筑）外，其他供人使用的室内空间都应尽量考虑室内外空间与外部空间的交互，产生交互的媒介主要有以下几种：

（1）开窗 窗除了具有通风采光的效果外，还具有视线与室外环境交互的作用（具体见第四章第六节建筑结构与构件中门窗部分的介绍）。窗可分为墙面窗和屋顶天窗，窗地比的大小直接决定室内与环境交互的程度，正面的玻璃幕墙可使室内外从视线上完全融为一体，密斯的范斯沃思住宅就是将这一设计手法运用到极致的经典案例。具有相应形式和明确位置的开窗又可以使室外环境成为室内的墙面装饰。而如凸窗等形式则直接将室内空间延伸至环境中，形成更加立体的观察视角（图5-130）。

建筑围护结构上的开窗形式无论尺寸大小，一般作为空间构成元素（界面构成元素）的一部分。

图5-130　各种开窗带来的室内空间与环境的关系

（2）室外活动场所的设置　建筑的室外活动场所可以看作建筑内部空间的外延，包括阳台、室外平台、屋顶花园、外廊和庭院（外庭、中庭和内庭）等。室外活动场所将与室内外的交互方式进一步提升，不局限于视线的交互，而是增加了行为的交流，可以使人走进环境之中，产生进一步的体验（图5-131）。

室外活动场所通常被作为过渡空间或缓冲空间联系建筑内外空间。

图5-131　各种室外活动空间带来的室内空间与环境的关系

（3）出入口设计注重里外连通　出入口是进入建筑的第一站，也是离开建筑的终点站，良好的出入口设计可以给人带来室内外环境切换过程中的良好感受。通过出入口设计增加空间层次和内外部空间的连贯性，出入口设计应注意以下几个方面：与内外部空间形式相协调；注意主次区分，主、次出入口要从形式、规模和尺度上有所差异，体现主次关系；与建筑立面形式相统一；满足建筑立体构图的整体性。

参 考 文 献

[1] 彭一刚 . 建筑空间组合论 [M]. 2 版 . 北京：中国建筑工业出版社，1998.

[2] Thomas·Schmit. 建筑形式的逻辑概念 [M]. 北京：中国建筑工业出版社，2003.

[3] 贾倍思 . 型和现代主义 [M]. 北京：中国建筑工业出版社，2003.

[4] 芦原义信 . 外部空间设计 [M]. 北京：中国建筑工业出版社，1985.

[5] 保罗·贝尔，托马斯·格林 . 环境心理学 [M]. 北京：中国人民大学出版社，2009.

[6] 扬·盖尔 . 交往与空间 [M]. 北京：中国建筑工业出版社，2002.

[7] 钱健，宋雷 . 建筑外环境设计 [M]. 上海：同济大学出版社，2005.

[8] 詹和平 . 空间 [M]. 南京：东南大学出版社，2006.

[9] 常锐伦 . 绘画构图学 [M]. 北京：人民美术出版社，2008.

[10] 徐人平 . 设计数学 [M]. 北京：化学工业出版社，2006.

[11] 原研哉 . 设计中的设计 [M]. 济南：山东人民出版社，2006.

[12] 王受之 . 世界现代设计史 [M]. 广州：新世纪出版社，1995.

[13] 彼埃特，蒙德里安 . 造型艺术与纯造型艺术 [M]. 纽约：威腾博恩公司，1945.

[14] 罗小未，蔡琬英 . 外国建筑历史图说 [M]. 上海：同济大学出版社，1986.

[15] 顾馥保 . 建筑形态构成 [M]. 3 版 . 武汉：华中科技大学出版社，2014.

[16] 程大锦 . 建筑：形式、空间和秩序 [M] . 3 版 . 天津：天津大学出版社，2008.

[17] 科林斯基，拉姆切夫，图尔库斯 . 建筑空间构图元素 [M]. 莫斯科：建筑工程出版社，1968.

[18] 金伯利·伊拉姆 . 设计几何学——关于比例与构成的研究 [M]. 北京：知识产权出版社，中国水利水电出版社，2013.

[19] Jan，Gehl. 交往与空间 [M]. 北京：中国建筑工业出版社，1992.

[20] 爱德华·T· 怀特 . 建筑语汇 [M]. 大连：大连理工大学出版社，2011.

[21] 罗杰·H·克拉克 . 世界建筑大师名作图析 [M]. 北京：中国建筑工业出版社，2006.

[22] Bernard·Leupen. 设计与分析 [M]. 天津：天津大学出版社，2003.

[23] 丁沃沃，张雷，冯金龙 . 欧洲现代建筑解析：形式的逻辑 [M]. 南京：江苏科学技术出版社，1998.

[24] 冯金龙，丁沃沃，张雷 . 欧洲现代建筑解析：形式的建构 [M]. 南京：江苏科学技术出版社，1999.

[25] 万书元 . 当代西方建筑美学 [M]. 南京：东南大学出版社，2001.

[26] 宋昆，闫力 . 历史主义建筑 [M]. 天津：天津大学出版社，2004.

[27] 刘先觉，等 . 现代建筑理论 [M]. 北京：中国建筑工业出版社，2007.

[28] 陈飞虎，彭鹏，等 . 建筑色彩学 [M]. 北京：中国建筑工业出版社，2007.

[29] 罗文媛 . 建筑的色彩造型 [M]. 北京：中国建筑工业出版社，1995.

[30] 余佳 . 立面 [M]. 北京：中国电力出版社，2005.

[31] 汪江华 . 形式主义建筑 [M]. 天津：天津大学出版社，2004.

[32] 卫大可，等 . 建筑形式的结构逻辑 [M]. 北京：中国建筑工业出版社，2013.

[33] 凤凰空间·北京 . 创意分析——图解建筑 [M]. 南京：江苏人民出版社，2012.

[34] Wiliam Lidwell，等 . 通用设计法则 [M]. 朱占星，李彦，译 . 北京：中央编译出版社，2013.

[35] 日本建筑学会 . 空间设计技法图典 [M]. 周元峰，译 . 北京：中国建筑工业出版社，2011.

[36] 日本建筑学会 . 空间表现——世界的建筑·城市设计 [M]. 陈新，吴农，译 . 北京：中国建筑工业出版社，2012.

[37] 日本建筑学会 . 空间要素——世界的建筑·城市设计 [M]. 陈浩，庄东帆，译 . 北京：中国建筑工业出版社，2009.

[38] 吉田慎悟 . 环境色彩规划 [M]. 胡连荣，申畅，郭勇，等译 . 北京：中国建筑工业出版社，2009.

[39] 季诗科 . 建筑构图 [M]. 明斯克：高校出版社，2010.

[40] 田学哲，等 . 形态构成解析 [M]. 北京：中国建筑工业出版社，2005.

[41] 塔拉采夫斯基，等 . 古典建筑形态 [M]. 明斯克：高校出版社，2008.

[42] 苏联建筑科学院编 . 建筑构图概论 [M]. 顾孟潮译 . 北京：中国建筑工业出版社，1983.

[43] 同济大学，清华大学，南京工学院，等 . 外国近现代建筑史 [M]. 北京：中国建筑工业出版社，1996.

[44] 侯幼彬 . 中国建筑美学 [M]. 哈尔滨：黑龙江科学技术出版社，1997.

[45] [美] 托伯特·哈姆林 . 建筑形式美的原则 [M]. 邹德侬，译 . 北京：中国建筑工业出版社，1982.

[46] 约翰内斯·伊顿 . 色彩艺术 [M]. 北京：世界图书出版社，1999.

[47] 约翰内斯·伊顿 . 色彩艺术——色彩的主观经验与客观原理 [M]. 上海：上海 人民美术出版社，1985.

[48] 维特鲁维 . 建筑十书 [M]. 高履泰，译 . 北京：知识产权出版社，2001.

[49] 诸葛艳 . 图案设计原理 [M]. 南京：江苏美术出版社，1991.

[50] 常志刚，等 . 肌理之于建筑 [J]. 建筑学报，2005，（10）：43-45.

[51] 毕昕，李晓东 . 地震灾后临时安置房颜色选择 [J]. 平顶山工学院学报，2009，18（2）：70-72.

[52] 王发堂 . 光影：建筑艺术的灵魂 [J]. 西安建筑科技大学学报（社会科学版），2007，26（4）：35-43.

[53] 徐东 . 色彩学导论 [J]. 辽宁大学学报自然科学版，2006，33（1）：93-96

[54] 王舸 . 线性元素的造型艺术 ——当代语境下对蓬皮杜艺术中心视觉形象的重新解读 [J]. 华中建筑，2014，（9）：20-24。

[55] 王新生，林永乐 . 现代建筑的隐喻主义建筑观 [J]. 建筑科学与工程学报，2005（22）.

[56] 赵文斌 . 建筑构图美学初探 [J]. 华中建筑，1997，（15）：70-73.

[57] 张洋，王琨，等 . 格式塔心理学建筑与城市设计应用初探 [J]. 福建建筑，2014，（187）：7-9.

[58] 兰娟，陈力，关瑞明 . 浅谈格式塔组织原则对建筑设计的启示 [J]. 福建建筑，2012，（167）：34-36.

[59] 成志军，林晓妍 . 格式塔理论在建筑美学中的应用 [J]. 重庆建筑大学学报，2003，25（5）：12-15.

[60] 彭运石，王珊珊 . 环境心理学方法论研究 [J]. 心理学探新，2009，29（3）：11-14.

[61] 崔晋豫，张泓，李承来，等 . 环境心理学的几个问题 [J]. 城市问题，2004，（04）：73-79.

[62] 薛春霖，仲德崑 . 迪朗和他的类型学 [J]. 华中建筑，2010，（01）：11-16.

[63] 齐奕，张姗姗 . 尊重与自由——金贝尔美术馆新馆解读 [J]. 建筑师，2015，（4）：67-77.

[64] 张玉华，方圆，许福运 . 关于佐尔拉图形产生视错觉原因的探究 [J]. 山东建筑大学学报，2010，25（1）：26-30.

[65] 熊圣. 视错觉在室内装饰设计中的应用 [J]. 湖南城市学院学报，2005，26（3）：109 — 110.

[66] 申荷永. 心理环境与环境心理分析 [J]. 学术研究，2005（11）：5-10.

[67] 郭晓军. 浅谈色彩心理学在建筑环境中的应用 [J]. 河北建筑工程学院学报，2000，18（2）：14-18.

[68] 张彧辉，任晓峰. 视错觉与建筑设计 [J]. 郑州轻工业学院学报（社会科学版），2002，3（2）：56-58.

[69] 杨东. 建筑内外过渡空间设计的研究——当代都市集合住宅空间分析 [D]. 北京：清华大学，2005.

[70] 闵晶. 阿道夫·路斯与"空间体量设计" [D]. 上海：同济大学，2008.

[71] 徐洪岩. 浅析建筑设计中的建筑构成秩序 [D]. 南京：东南大学，2005.

[72] 刘洪涛. 数学逻辑与建筑表皮形式中的韵律 [D]. 天津：天津大学，2013.

[73] 万轩. 视错觉在建筑立面装饰中的应用研究 [D]. 上海：同济大学，2006.

[74] 李俊霞. 建筑的比例和尺度 [D]. 南京：东南大学，2004.

[75] 万轩. 视错觉在建筑立面装饰中的应用研究 [D]. 上海：同济大学，2006.

[76] 苏昕. 根特·班尼士的建筑形态构成研究 [D]. 哈尔滨：哈尔滨工业大学，2009.

[77] 王靖男. 建筑表皮编织形式的研究 [D]. 哈尔滨：哈尔滨工业大学，2010.

[78] 柯凌琦. 建筑表皮材料肌理的精细化设计 [D]. 杭州：浙江大学，2012.

[79] 曾舒娅. 建筑外部空间与自然光影的关联 [D]. 重庆：重庆大学，2009.

[80] 陈剑秋. 建筑形态中"面"的建构研究 [D]. 重庆：重庆大学，2007.

[81] 毛兵. 中国传统建筑空间修辞研究 [D]. 西安：西安建筑科技大学，2008.

[82] 刘毅娟. 苏州古典园林色彩体系的研究 [D]. 北京：北京林业大学，2014.

[83] 王靖男. 建筑表皮编织形式的研究 [D]. 哈尔滨：哈尔滨工业大学，2010. 29-30.

[84] 彭智谋. 城市公共空间的视觉尺度研究 [D]. 长沙：湖南大学，2007.

[85] 田常乐. 视错觉在现代家具造型设计中的应用研究 [D]. 北京：北京林业大学，2008.

[86] Стасюк Н. Г.，Киселева Т.Ю.，Орлова И.Г.. Основы архитектурной кмпозиции [M]. Москва：Архитектура-С，2004.

[87] Шевелев. И. Ш.. Принцип пропорции [M]. Москва：Стройиздат，1986.

[88] Рац А. П.. Основы цветоведения и колористики，цвет в живописи，архитектуре и дизайне[M]. Москва：ФГБОУ ВПО "МГСУ"，2014.

[89] Степанова А.В.. Объемно-пространственная кмпозиция [M]. Москва：Архитектура-С，2007.

[90] Андрей，Палладио. Четыре книги об архитектуре [M]. Жоатовского И.В. перевод. Москва：Издадельство всесоюзной академии архитектуры，1989.

[91] Ле，Корбсюзье. Архитектура XX века [M]. Топуридзе К.Т. перевод. Москва：Издательство "прогресс"，1977.

[92] Михаловский И. Б. Теория классических архитектурных форм [M]. Москва：Архитектура-С，2006.

[93] Рудольф，Паранюшкин. Композиция：теория и практика изобразиительного искуства[M]. Ростов-на-Дону：Феникс，2005.